高职高专土建类系列教材
"互联网十"创新系列教材

BIM 技术应用——工程管理

主编　刘珊　盛黎

北京航空航天大学出版社

内 容 简 介

本书共分4章,内容包括BIM模型深化设计与出量、出图,BIM模板工程软件应用,BIM脚手架工程软件应用,BIM三维施工现场布置。

本书可作为职业院校建筑工程技术、建筑工程管理等建筑类专业教学用书,也可作为BIM方向实训教材供工程一线的施工管理人员参考。

图书在版编目(CIP)数据

BIM 技术应用:工程管理 / 刘珊,盛黎主编. -- 北
京 : 北京航空航天大学出版社,2021.7
ISBN 978 - 7 - 5124 - 3523 - 0

Ⅰ.①B… Ⅱ.①刘… ②盛… Ⅲ.①建筑设计—计算
机辅助设计—应用软件 Ⅳ.①TU201.4

中国版本图书馆 CIP 数据核字(2021)第 097271 号

BIM 技术应用——工程管理

主编　刘　珊　盛　黎
责任编辑　刘晓明
*
北京航空航天大学出版社出版发行

北京市海淀区学院路 37 号(邮编 100191)　http://www.buaapress.com.cn
发行部电话:(010)82317024　传真:(010)82328026
读者信箱:copyrights@buaacm.com.cn　邮购电话:(010)82316936
涿州市新华印刷有限公司印装　各地书店经销
*
开本:710×1 000　1/16　印张:10　字数:213 千字
2021 年 7 月第 1 版　2021 年 7 月第 1 次印刷
ISBN 978 - 7 - 5124 - 3523 - 0　定价:49.00 元

编　委　会

前　　言

　　《BIM技术应用——工程管理》是在建筑施工技术和BIM管理技术飞速发展的情况下,通过校企合作、工学结合的模式编写的一本供建筑工程技术与管理人员使用的系列规划教材之一。全书重点介绍BIM技术的应用,以提高学习者施工项目管理综合能力为出发点,注重知识的科学性、实用性,体现了基本理论与实践的结合,为提高学习者的学习兴趣、方便教学与实际应用提供了支持。

　　本书打破传统施工技术类教材的理论体系,采用"任务驱动教学法"的编写思路,每个模块都以具体任务模拟为目标,将相关的知识点融入具体的操作环节,以实际工程中的应用作为切入点,坚持项目导向、任务驱动,向后拓展到方案优化、方案编制和成果输出,使学习者能够高效地掌握每个模块的BIM工程应用。本书内容紧扣国家、行业制定的最新规范、标准和法规,充分结合当前施工领域工程设计和施工的实际,具有较强的适用性、实用性、时代性和实践性。

　　本书配套的素材、练习文件及相关教学视频,请从https://zjy2.icve.com.cn/teacher/mainCourse/mainClass.html? courseOpenId=db8jav6r3kt-mcpta6ffjwq页面下载。

　　本书由刘珊、盛黎主编。浙江同济科技职业学院的吴霄翔、刘霏霏编写第1章,杭州品茗安控信息技术股份有限公司的杨宝留、张杭丽编写第2章,吴秋水、张蕾编写第3章,刘珊、盛黎、陈石磊编写第4章。全书由刘珊负责统稿。

　　本书的编写得到杭州品茗安控信息技术股份有限公司的大力支持,在此表示感谢。编者参阅了有关文献资料,谨向这些文献资料的作者致以诚挚的谢意。由于时间仓促,书中难免有不足之处,敬请读者批评指正。

编　者
2021年1月

目　　录

第 1 章

BIM 模型深化设计与出量、出图

本章导读

本章我们将基于钱江楼项目,依托 HIBIM 软件(3.2.0 版本),进行模型深化设计。

1.1 节:BIM 建模深化设计

介绍深化设计概述,碰撞检查与成果输出,BIM 项目管线综合基本原则与方法,BIM 模型管道避让与设计深化,HIBIM 净高分析,BIM 模型管道卡箍、支吊架,BIM 模型预留洞口。

1.2 节:BIM 出量与出图

介绍 BIM 工程出量及 BIM 施工出图。

学习目标

能力目标	知识要点
掌握模型深化设计	碰撞检查,BIM 模型管道避让与设计深化,HIBIM 净高分析,BIM 模型管道卡箍、支吊架,BIM 模型预留洞口
BIM 出量与出图	BIM 工程出量,BIM 施工出图

1.1 BIM 模型深化设计

1.1.1 深化设计概述

本教材以品茗公司研发的 HIBIM 软件为运行背景,该软件是一款可以通过 BIM(Building Information Modeling)技术应用解决建模和深化设计的软件。深化设计是一种建造过程中的增值活动,总承包单位根据已确定的工程设计,在满足合同和规范要求的前提下,根据项目策划、建造组织过程,有针对性地对节点构造、构件排布、精确定位、构建布局进行图纸化表达,达到工艺过程图形化、专业接口管理图表化的目标,为建造过程中的工艺顺序管理、计划管理、资源计划提供技术依据,实现建造过程的增值。

1. BIM 在深化设计上的优势

(1) 3D 可视化、准确定位

传统的 2D 平面图因为可视范围有限,需要多张图纸配合才能看清楚某个构件的详细位置与构造,非但不直观,而且还会增加工作量,降低准确度。采用 BIM 技术之后,通过 BIM 概念的特性建立起 3D 可视化模型,可以将项目更直观地呈现给各参与方,即便是缺乏专业知识的业主方,对可视化的 3D 模型也能够读懂,方便了各方的沟通。同时,BIM 模型采用面向对象及参数化的概念,将建筑项目中所有构件的真实数据纳入之后,可以将传统绘图中经常忽略的部分(如保温层)展现出来,让各参与方将很难发现的问题考虑到设计当中,从实际出发解决深层次存在的隐患。图 1-1、图 1-2 所示为 BIM 三维可视化模型图及渲染模型图。

图 1-1 BIM 三维可视化模型图

图 1-2 117 大厦 BIM 渲染模型图

(2) 碰撞检查、合理布局

传统 2D 图纸中即便做设计深化也很难考虑到各专业间的碰撞,这就要依靠设计人员的个人空间想象能力以及工作经验,否则很容易造成疏漏或者错误,无形中增

加了设计变更率,额外费用也增加了。通过 BIM 技术的碰撞检查功能,可以将设计中各自专业及各专业间的碰撞全部反馈给设计人员,同时自动生成检查报表,让参与各方以报表为依据进行及时有效的沟通与协调,减少设计变更及施工返工的现象,能够提高实际的工作效率,降低额外成本,缩短工期。图 1-3、图 1-4 所示为具体应用效果图。

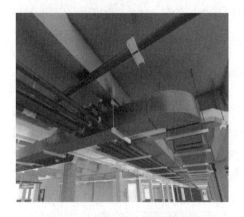

图 1-3　管线避让模型效果图　　　　图 1-4　地下室管线综合图

(3) 设备参数复核计算

传统 2D 图纸深化中对于设备参数复核计算都是以平面图为主来计算的,但是由于最初设计时经常会因为变更而导致图纸频繁更改,所以计算结果与实际相差巨大,甚至影响工作的正常进行。运用 BIM 技术后,就可以对所建立好的 BIM 模型进行参数化计算与编辑,因为 BIM 模型所具备的联动性是传统 2D 图纸所不具备的,只需要软件自动计算完成并导成报表就可以了。即便是模型有变化或者需要修改,BIM 也会依据联动关系重新生成计算结果,并校正设备参数复核计算的结果,为设备选择型号提供依据。

2. 深化设计原则

① 保证使用功能的原则;
② 主干管线集中布置的原则;
③ 管线布置排列的一般原则;
④ 方便施工的原则;
⑤ 方便系统调试、检测、维修的原则;
⑥ 美观的原则;
⑦ 结构安全的原则。

1.1.2　碰撞检查与成果输出

建筑工程行业中,由于各个流程阶段信息不对称,致使常常发生"错漏碰缺"现象,浪费大量的人力财力。综合管线碰撞是工程领域中值得深入研究的问题,如果在设计初期方案不合理,则在施工期会发生严重的经济损失并使工期延误。BIM 技术的引入,可以很好地解决传统综合管线碰撞检测中存在的问题。

利用 BIM 技术的碰撞检测功能,可以检测出建筑与结构、结构与机电等不同专业图纸之间的碰撞,并且加快各专业管理人员对图纸问题的解决效率。正是利用 BIM 技术的这种功能,才能预先发现图纸中的问题,及时反馈给设计单位,避免后期因图纸问题带来的停工以及返工,提高项目管理效率,也为现场施工及总承包管理打下了基础。

1. 碰撞产生的原因

(1) 一旦空间变化,管综剖面失效

管综剖面仅能表示一段距离内的管道秩序。管综剖面是一个静态的截面,前后两个截面间的管线布置依赖于逻辑推理,当截面空间、管线的数量发生变化时,逻辑推理中加入了猜测,那么管综剖面就不是一个唯一解,而是存在多种解决方案。若让施工单位来选择,必定选最容易实现的;而让设计人员选择,则必定选对系统最合理的。是否按图施工和是否便于施工会成为双方争论的焦点。这正是二维设计中片段化带来的多年的习惯性矛盾。三维模型中所见即所得、直观明了的特点,为设计人员坚持合理化、反驳施工方主张提供了理论基础。但是在实际设计中,剖面数量少、剖面处管线简单等容易被人指摘的硬伤确实存在,因此无论是在二维还是在三维设计中,设计人员都应该坚持将管综剖面设置在管道最复杂、空间最狭窄、空间变化最大的地方,控制好以上三个部位,碰撞点数就会减少很多,即使有碰撞,也是有空间可以调整的。

(2) 二维向三维转化过程中,信息不全造成偏差

在二维设计中,有些细节问题是设计师没有考虑到的,比如风管、水管交叉的翻高喷淋支管和其他管道的避让配合等,将这些步骤后置给了施工单位,由他们根据现场情况灵活调整翻高、避让的位置及高度。但是实际中因为没有考虑翻高、避让的空间,业主还是不得不经常要求设计人员现场解决问题。

(3) 二维设计与管综剖面缺乏信息交流

在各专业的设计初期,会预先计划出一个管综方案,确定各专业管线的标高和位置。随着设计的深入,设计条件不断地明确,新的管线陆续添加,但是设计人员做出的变化没有及时反映在管综上,没有及时进行调整,等设计结束后,预期的管综和实际的管综貌合神离,碰撞数量大大增加,缺少施工空间。最致命的问题是漏项,即使是一个桥架,由于其需有开盖空间,因此也会占用一定的空间。

(4) 符号示意的二维图纸,与三维真实模型之间的偏差

机电专业设计绘制二维图纸时,经常采用线条和示意的符号来表达设计意图,不含实际管件的尺寸信息,导致安装困难,例如制冷站内的管道,弯头的尺寸导致高差较小的翻高无法实现;固定支架在图中表示为一根细线,实际却是一个固定架或是一根钢梁,形体差异很大。

因此,二维绘图和三维建模之间不仅仅是一个工具的转变,更是一个对传统的思

维方式、设计习惯的变革。一方面,由于空间的直观性,降低了设计人员对空间的感知要求;另一方面,由于提前介入施工工艺,又提高了设计人员对复杂空间的处理能力。二维出图时可做可不做的事情,在三维建模阶段成了不可不做的事情;二维出图时抓主要设备管线、适当忽略细节的做法,在三维建模阶段成了细节决定管综空间的反向做法,对设计人员的思维与能力都提出了巨大的挑战。

2. 碰撞类型

硬碰撞:实体在空间上存在交集,如图 1-5 所示。

间隙碰撞:实体间实际并没有碰撞,但间距和空间无法满足相关施工要求(如安装维修等),如图 1-6 所示。

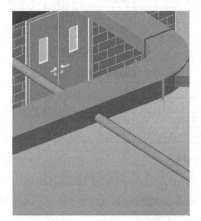
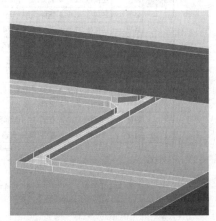

图 1-5　硬碰撞三维模型图　　　　图 1-6　间隙碰撞三维模型图

单专业综合碰撞:单专业综合碰撞检查只在同一专业内查找碰撞,如图 1-7 所示。

多专业综合碰撞:多专业综合碰撞包括给水排水、暖通、电气模型之间以及与结构、建筑模型之间的碰撞,如图 1-8 所示。

图 1-7　给水排水专业管道碰撞图　　　　图 1-8　通风管道与结构梁碰撞图

3. 碰撞分析报告

碰撞检测的目的是寻找碰撞点，根据碰撞信息修改设计。HIBIM 可以将所有符合碰撞条件的碰撞点都查找出来，生成碰撞检查报告（见图 1-9）。每个碰撞点都包括碰撞类型、碰撞信息以及轴网定位，双击碰撞信息可以定位查看碰撞的具体三维情况（见图 1-10），并进行实时修改。

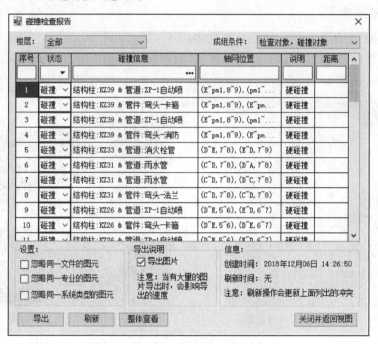

图 1-9　碰撞检查报告

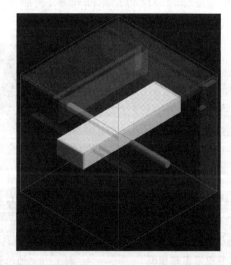

图 1-10　通风管道与消火栓管局部三维视图

4．碰撞检查流程

BIM 软件碰撞检查流程主要工作分为以下 5 个阶段：

① 土建、安装各个专业模型提交；

② 土建模型审核并修改，机电模型审核并修改；

③ 运行碰撞检查并定位修改；

④ 输出碰撞检查报告便于反查；

⑤ 重复以上工作，直到无碰撞为止。

1.1.3　BIM 项目管线综合基本原则与方法

在 BIM 深化设计中，项目管线综合调整是最常见的应用点，也是需要掌握相关原则和方法的技术性工作。通过项目管线综合，我们想要达到的主要目标有，做到综合管线初步定位及各专业之间无明显不合理的交叉；保证各类阀门及附件的安装空间；综合管线整体布局协调合理；保证合理的操作与检修空间等。

项目管线综合主要通过初步建模后的模型二次调整来完成，在管线综合中，应该遵守基本的布置原则和调整原则。

主要的基本布置原则如下：

① 自上而下一般顺序应为电→风→水；

② 当管线发生冲突需要调整时，以不增加工程量为原则；

③ 对已有一次结构预留孔洞的管线，应尽量减少位置的移动；

④ 与设备连接的管线，应减少位置的水平及标高位移；

⑤ 布置时考虑预留检修及二次施工的空间，尽量将管线提高，与吊顶间留出尽量多的空间；

⑥ 在保证满足设计和使用功能的前提下，管道、管线尽量暗装于管道井、电井内，以及管廊、吊顶内；

⑦ 要求明装的，尽可能地将管线沿墙、梁、柱走向敷设，最好是成排、分层敷设布置。

在掌握基本布置原则完成基础模型建模和碰撞检查后，应根据调整原则对模型内管线的位置进行调整。常规的管线调整原则如下：

① 小管让大管：小管绕弯容易，且造价低；

② 分支管让主干管：分支管一般管径较小，避让理由见第①条，另外还有一点，分支管的影响范围和重要性不如主干管；

③ 有压管让无压管（压力流管让重力流管）：无压管（或重力流管）改变坡度和流向，对流动影响较大；

④ 可弯管让不可弯管：不可弯管无法弯曲；

⑤ 低压管让高压管：高压管造价高，且强度要求也高；

⑥ 输气管让水管：水流动的动力消耗大；

⑦ 金属管让非金属管：金属管易弯曲、切割和连接；

⑧ 一般管道让通风管：通风管道体积大，绕弯困难；

⑨ 阀件小的让阀件大的：考虑安装、操作、维护等因素；

⑩ 检修次数少的、方便的让检修次数多的和不方便的：这是从后期维护方面考虑的；

⑪ 常温管让高(低)温管(冷水管让热水管、非保温管让保温管)：高于常温要考虑排气，低于常温要考虑防结露保温；

⑫ 热水管道在上，冷水管道在下；

⑬ 给水管道在上，排水管道在下；

⑭ 电气管道在上，水管道在下，风管道在中下；

⑮ 空调冷凝管、排水管对坡度有要求，应优先排布；

⑯ 空调风管、防排烟风管、空调水管、热水管等需保温的管道要考虑保温空间；

⑰ 当冷、热水管上下平行敷设时，冷水管应在热水管下方，当垂直平行敷设时，冷水管应在热水管右侧；

⑱ 水管不能水平敷设在桥架上方；

⑲ 出入口位置尽量不安排管线，以免人流进出时给人造成压抑感；

⑳ 材质比较脆、不能上人的管道安排在顶层：如复合风管必须安排在最上面，桥架安装、电缆敷设、水管安装不能影响风管的成品保护。

除此之外，还应在管线综合操作时考虑一些具体的注意点。例如并排排列的管道，阀门应错开位置；给水管道与其他管道的平行净距，一般不应小于 300 mm；管道外表面或隔热层外表面与构筑物、建筑物(柱、梁、墙等)的最小净距不应小于 100 mm；法兰外缘与构筑物、建筑物的最小净距不应小于 50 mm 等。这些注意事项在实际工程中直接影响到安装操作能否顺利进行，因此也是管线综合的调整点。

1.1.4　BIM 模型管道避让与设计深化

在掌握了管线综合优化的基本原则后，可以通过调整模型中已有的管线来进行优化操作。在 Revit 基本界面中，一般通过重新绘制某段管线来完成优化操作；而在 HIBIM 的基本界面中，则可以使用模型优化模块中的管线对齐、单层管线排布、手动避让和全自动绕弯功能来完成管道优化，操作菜单如图 1-11 所示。

图 1-11　操作菜单

管线对齐功能,主要是将不同标高的管线在平面上对齐。

单层管线排布功能,主要用于调整管线间距。可以选择中心间距或者外边间距进行调整。

同时,在模型调整中,可以使用"避让"的功能来完成管线的相对位置调整。在HIBIM 菜单中,避让分手动避让和智能避让两种。

手动避让和智能避让功能,均可完成碰撞的管道位置调整,其区别主要在于,手动避让需要自行定义避让点位置;而智能避让通过框选管线自动根据预设的参数实现管线间的调整,在参数无误的情况下,智能避让与手动避让的效果没有区别,都能快速完成翻管等位置调整操作。

相比较而言,全自动绕弯的功能可以在所有被选择的管道系统上自动设置弯头,更便于快速设计。全自动绕弯无法像手动避让和智能避让那样设置避让参数,对于大部分位置较为适用,但在某些特殊位置仍需用手动避让功能进行优化调整。

BIM 模型深化设计
（碰撞分析报告、管道避让）

1.1.5　HIBIM 净高分析

室内净高是指楼面或地面至上部楼板底面或吊顶底面之间的垂直距离。其中,根据住建部、国家质量监督检验检疫总局联合发布的《住宅设计规范》GB 50096—2011 规定,住宅层高宜为 2.80 m,卧室、起居室的室内净高不应低于 2.40 m,局部净高不应低于 2.10 m,且其面积不应大于室内使用面积的 1/3;利用坡屋顶内空间作卧室、起居室时,其 1/2 面积的室内净高不应低于 2.10 m;厨房、卫生间的室内净高不应低于 2.20 m;厨房、卫生间内的排水横管下表面与楼面、地面净距不得低于1.90 m,且不得影响门、窗扇开启。

管线综合净高分析是指分析在管线无碰撞并满足现场安装、检修要求的情况下,管道的下表面与楼面、地面净距是否符合标准。它一般是指地下室的管线综合净高分析,主要用于检测风管、桥架、水管是否低于净高设定值。

HiBIM 净高分析功能菜单如图 1-12 所示,可自动检查相应楼层的净高并找出不符合要求的位置。

1.1.6　BIM 模型管道卡箍、支吊架

在实际安装过程中,对于管道和桥架经常要设置附加的约束件,如卡箍、支吊架等。在 HIBIM 功能当中,可以用较为简化的方法来自动进行设置。

设置卡箍的功能菜单如图 1-13 所示。

在定义完卡箍的设置条件后,选择需要设置卡箍的管网,系统会自动根据条件限制生成卡箍。

图 1-12　净高分析菜单

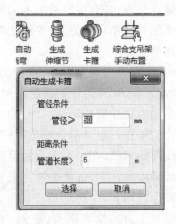

图 1-13　卡箍菜单

图 1-14　支吊架操作菜单

　　支吊架设置的功能分为基于单一构件的支吊架设置和基于专业的支吊架设置，也可以进行多专业支吊架综合设置，并能够导出支吊架计算书。支吊架操作菜单如图 1-14 所示。

　　其中，除了单独的支吊架设置采用默认参数生成外，无论是单专业支吊架还是多专业支吊架设置，都可以选择支吊架的形式和相关物理参数自动布置，较为实用。其参数设置如图 1-15 所示。

图 1-15　管道支架参数设置

1.1.7 BIM 模型预留洞口

HIBIM 具备根据土建模型和设备模型的现状自动开设预留洞口和加设套管的功能,其参数设置如图 1-16 所示。但是,对于链接模型,要将模型绑定链接才能完成开洞套管。若在开洞套管对话框中选择"仅链接模型管线",则会导致洞口在模型中不显示的问题。

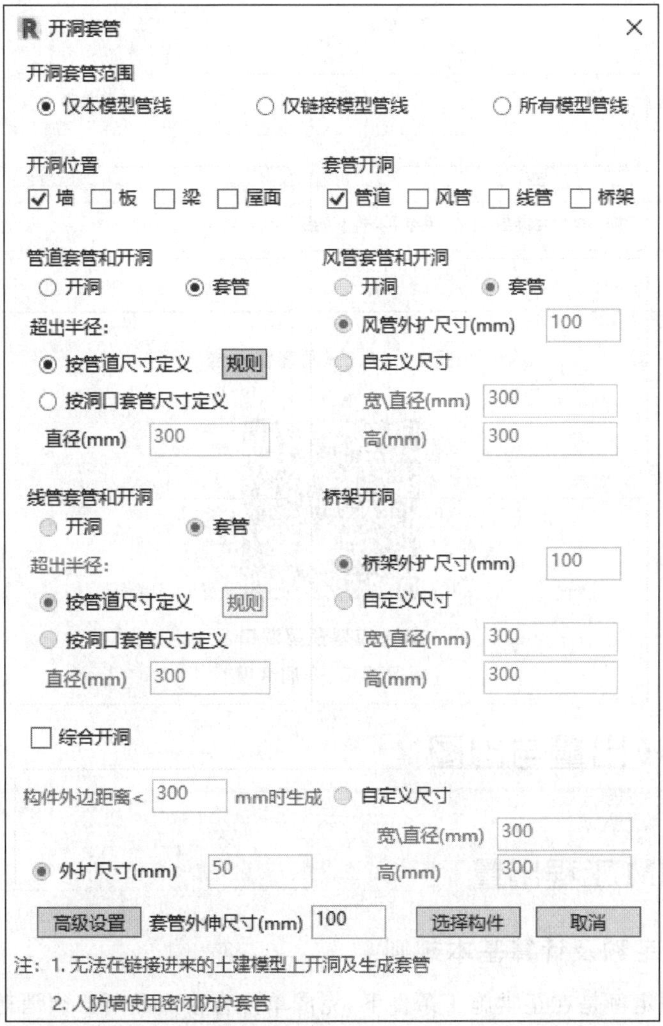

图 1-16 开洞套管参数设置

在完成开洞后,还支持导出开洞报表,并能根据模型的更新自动更新套管位置,而不需要重新设置参数。开洞套管报告如图 1-17 所示。

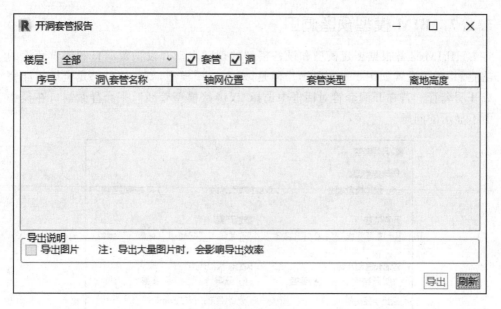

图 1 - 17　开洞套管报告

BIM 模型预留洞口
（预留洞口、开洞套管）

1.2　BIM 出量与出图

1.2.1　BIM 工程出量

1. 土建定额及计算基本规则

建筑工程定额是在正常施工条件下，完成单位合格产品所必须消耗的劳动力、材料机械台班的数量标准。这种量的规定，反映出完成建设工程中的某项合格产品与各种生产消耗之间特定的数量关系。建筑工程定额是根据国家一定时期的管理体系、管理制度以及定额的不同用途和适用范围，由国家指定的机构按照一定程序编制的，并按照规定的程序审批和颁发执行。工程定额是工程量计算的主要依据之一。

工程量是指按照事先约定的工程量计算规则计算所得的、以物理计量单位或自

然计量单位所表示的建筑工程各个分部工程及分项工程或结构构件的数量。

工程量包括两个方面的含义：计量单位和实物工程量。

① 计量单位：计量单位有物理计量单位和自然计量单位，物理计量单位是指以度量表示的长度、面积、体积和质量等单位；自然计量单位是指以客观存在的自然实体表示的个、套、樘、块、组等单位。

计量单位还有基本计量单位和扩大计量单位，基本计量单位如 m、m²、m³、kg、个等；扩大计量单位如 10 m、100 m²、1 000 m³ 等。

工程量清单一般采用基本计量单位，预算定额常采用扩大计量单位，应用时一定要注意单位的换算。

② 实物工程量：应该注意的是，工程量不等于实物量。实物量是实际完成的工程数量，而工程量是按照工程量计算规则计算所得的工程数量。为了简化工程量的计算，在工程量计算规则中，往往对某些零星的实物量作出扣除或不扣除、增加或不增加的规定。工程量计算力求准确，它是编制工程量清单、确定建筑工程直接费用、编制施工组织设计、编制材料供应计划、进行统计工作和实现经济核算的重要依据。

(1) 工程量计算的依据

① 施工图纸及设计说明、标准图集、图纸答疑、设计变更；

② 施工组织设计或施工方案；

③ 招标文件的商务条款；

④《计价规则》及《消耗量定额》中的"工程量计算规则"。

(2) 工程量计算的传统步骤

① 熟悉图纸：工程量计算必须根据招标文件和施工图纸所规定的工程范围和内容计算，既不能漏项，也不能重复。

② 划分项目(列出需计算工程量的分部分项工程名称)：工程量清单和消耗量定额项目划分有区别。

③ 确定分项工程计算的顺序。

④ 根据工程量计算规则列出计算式。

⑤ 汇总工程量。

(3) 传统的工程量计算要求

1) 必须按图纸计算

工程量计算时，应严格按照图纸所标注的尺寸进行计算，不得任意放大或缩小、任意增加或减少，以免影响工程量计算的准确性。图纸中的项目要认真反复清查，不得漏项和重复计算。

2) 必须按工程量计算规则进行计算

工程量计算规则是计算和确定各项消耗指标的基本依据，也是工程量计算的准绳。例如：1.5 砖墙的厚度，无论图纸怎么标注或命名，都应以计算规则规定的365 mm 进行计算。

3）必须保持口径一致

施工图列出的工程项目（工程项目所包括的内容和范围）必须与计量规则中规定的相应工程项目相一致。计算工程量除必须熟悉施工图纸外，还必须熟悉计量规则中每个工程项目所包括的内容和范围。

4）必须列出计算式

在列计算式时，必须确保部位清楚，详细列项标出计算式，注明计算结构及构件所处的部位和轴线，保留计算书，作为复查的依据。工程量的计算式应按一定的格式排列，如面积＝长×宽，体积＝长×宽×高，等等。

5）必须保证计算准确

工程量计算的精度将直接影响工程造价的确定精度，因此，数量计算要准确（工程量的精确度应保留有效位数：一般按吨计量的保留三位，自然计量单位的保留整数，其余保留两位）。

6）必须保持计量单位一致

工程量的计量单位，必须与计量规则中规定的计量单位相一致，有时由于使用的计量规则不同、所采用的制作方法和施工要求不同，其工程量的计量单位是有区别的，应予以注意。

7）必须注意计算顺序

为了计算时不遗漏项目，又不产生重复计算，应按照一定的顺序进行计算。

8）力求分层分段计算

结合施工图纸尽量做到结构按楼层、内装修按楼层分房间、外装修按立面分施工层计算，或按要求分段计算，或按使用的材料不同分别计算。这样，在计算工程量时既可避免漏项，又可为编制施工组织设计提供数据。

9）必须注意统筹计算

各个分项工程项目的施工顺序、相互位置及构造尺寸之间存在内在联系，要注意统筹计算顺序。例如：墙基沟槽挖土与基础垫层、砖墙基础与墙基防潮层、门窗及砖墙与抹灰之间的关系。通过了解这种存在的相互关系，寻找简化计算过程的途径以达到快速、高效的目的。

2. 模型土建出量

HBIM 具备土建算量的功能，在进入土建算量模块时，应首先进行算量楼层选择，如图 1-18 所示。

如存在导入后未识别的构件，可以使用土建构件类型映射功能进行规则调整，如图 1-19 所示。

在结构特征选项卡中，可以查看和修改不同构件的相关属性信息，如图 1-20 所示。

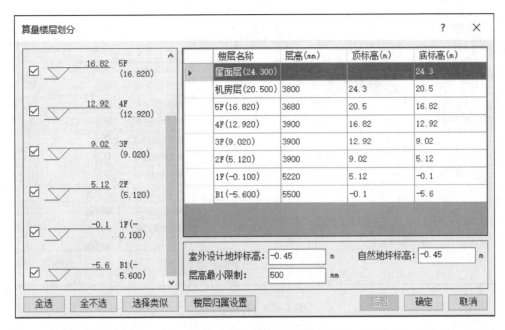

图 1-18　算量楼层选择

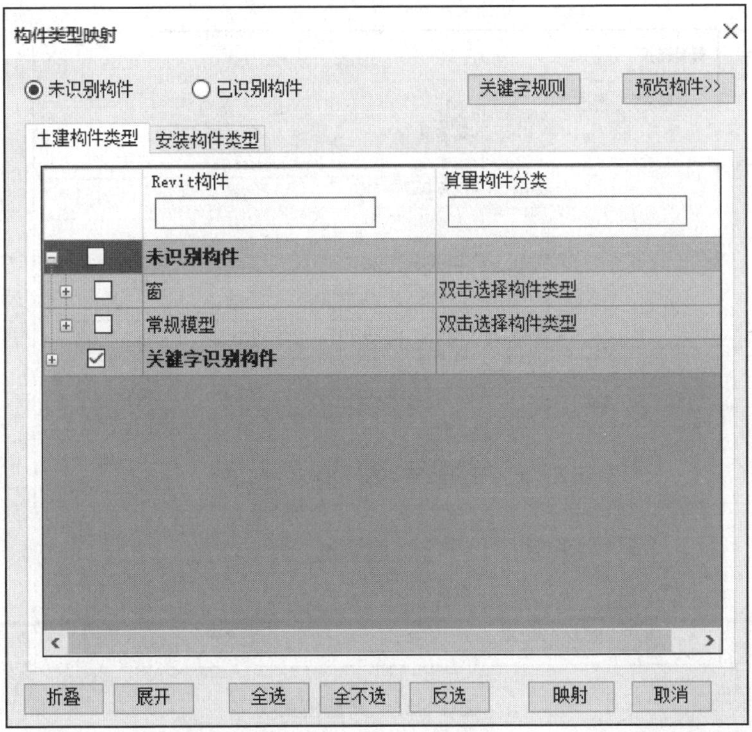

图 1-19　土建构件类型映射

图 1-20 结构特征

根据实际情况在算量模式菜单中选择计算模式,并可对清单和定额的规则进行载入和修改,如图 1-21 所示。

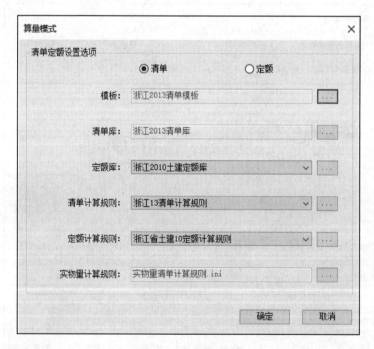

图 1-21 算量模式

点击土建计算进行计算工作,根据实际需求选择计算范围和构件类型。完成计算后可以在土建报表中查看,并能导出 Excel 文件或导入品茗胜算软件。此外,修改与查看功能中也提供了分类算量属性的归类修改和 Revit 实物量与构件清单定额量分别导出的功能,适用于各种需求场景,相比单纯的 Revit 实物量出量更符合工程实际的需求。

3. 安装定额及计算基本规则

安装工程量与土建工程量的计算规则基本相同,但对应的工种不同,具体计算所套用的定额和清单也不同。此外,我们应注意安装工程中的专业界面划分对计算产生的影响,例如给水管道室内外界线的划分以入口阀门或距建筑物外墙皮 1.5 m 为界等。

在计算方法上,根据各专业工程系统原理,以系统为计算导向,按先分部工程、后分项工程划分的顺序,以及自然及物理计量单位工程量的计算次序进行。工程量计算的一般要求与土建工程量的计算相同。

下面对 HIBIM 安装出量中一些计算规则设置进行解释。

(1) 超高设置(见图 1 - 22)

定额中的超高费是指操作物高度超出定额子目计算范围而需增加的人工费用。操作物高度是指有楼层的按楼地面到安装物的垂直距离,无楼层的按操作地点或设计正负零至操作物的距离。因此,超高的设置值应由不同工种定额确定。

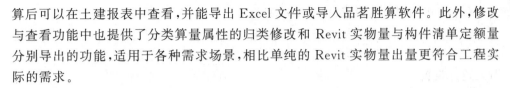

图 1 - 22　超高设置

（2）线缆预留长度设置（见图 1 - 23）

电缆计算时未包括因弛度增加长度、电缆绕梁（柱）增加长度以及电缆与设备连接、电缆接头等必要的预留长度,其增加工程量按表 1 - 1 在计算规则的模块中根据规定进行设置。

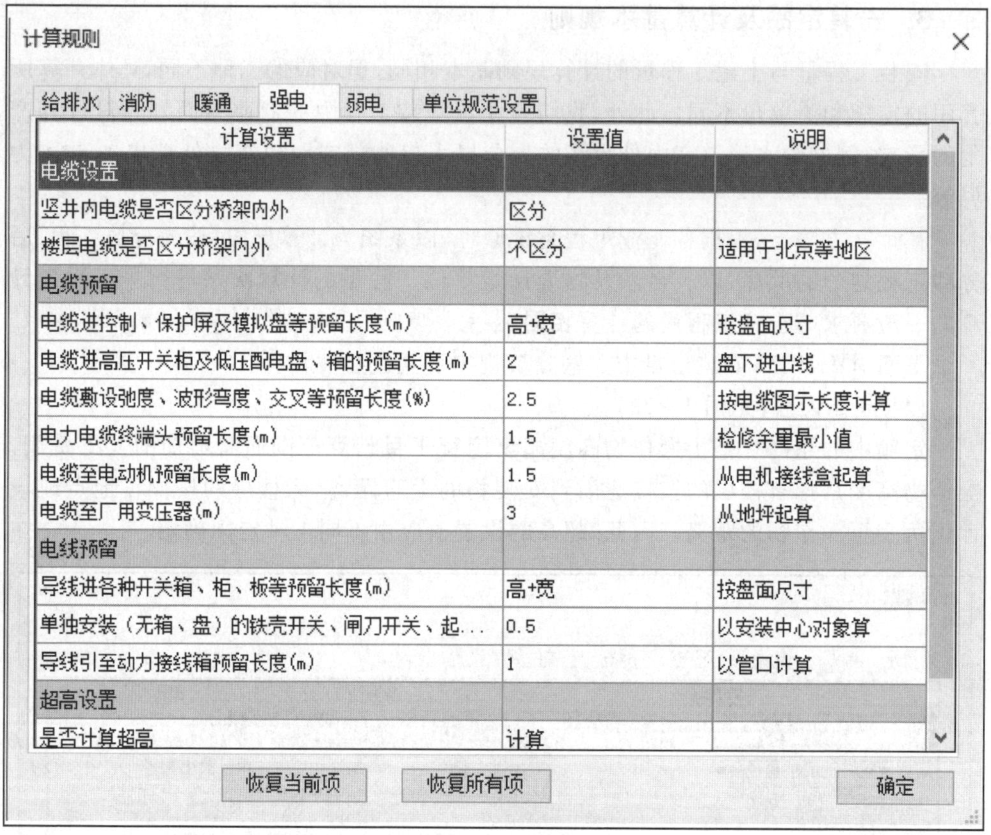

计算规则 ✕

| 给排水 | 消防 | 暖通 | **强电** | 弱电 | 单位规范设置 |

计算设置	设置值	说明
电缆设置		
竖井内电缆是否区分桥架内外	区分	
楼层电缆是否区分桥架内外	不区分	适用于北京等地区
电缆预留		
电缆进控制、保护屏及模拟盘等预留长度(m)	高+宽	按盘面尺寸
电缆进高压开关柜及低压配电盘、箱的预留长度(m)	2	盘下进出线
电缆敷设弛度、波形弯度、交叉等预留长度(%)	2.5	按电缆图示长度计算
电力电缆终端头预留长度(m)	1.5	检修余量最小值
电缆至电动机预留长度(m)	1.5	从电机接线盒起算
电缆至厂用变压器(m)	3	从地坪起算
电线预留		
导线进各种开关箱、柜、板等预留长度(m)	高+宽	按盘面尺寸
单独安装（无箱、盘）的铁壳开关、闸刀开关、起...	0.5	以安装中心对象算
导线引至动力接线箱预留长度(m)	1	以管口计算
超高设置		
是否计算超高	计算	

恢复当前项　　恢复所有项　　　　　　　确定

图 1 - 23　线缆预留长度设置

表 1 - 1　线缆预留长度

序　号	项　目	预留长度(附加)	说　明
1	电缆敷设弛度、波形弯度、交叉	2.5 %	按电缆全程计算
2	电缆进入建筑物	2.0 m	规范规定最小值
3	电缆进入沟内或吊架时引上（下）预留	1.5 m	规范规定最小值
4	变电所进线、出线	1.5 m	规范规定最小值
5	电力电缆终端头	1.5 m	检修余量最小值
6	电缆中间接头盒	两端各留 2.0 m	检修余量最小值

序　号	项　目	预留长度(附加)	说　明
7	电缆进控制、保护屏及模拟盘等	高｜宽	按盘面尺寸
8	高压开关柜及低压配电盘、箱	2.0 m	盘下进出线
9	电缆至电动机	0.5 m	从电机接线盒起算
10	厂用变压器	3.0 m	从地坪起算
11	电缆绕过梁柱等增加长度	按实计算	依被绕物的断面情况计算增加长度
12	电梯电缆与电缆架固定点	每处 0.5 m	规范最小值

4. BIM 模型安装出量

　　HIBIM 安装出量的基本操作与土建算量相似,同样可以进行构件类型映射和算量模式调整,同时也能对其进行部分计算规则的修改,如上节所述。此外,也可以进行不同管道特征的修改(见图 1-24)、管道厚度设置(见图 1-25)、弯头导流片设置(见图 1-26)和防腐刷油定义(见图 1-27)。

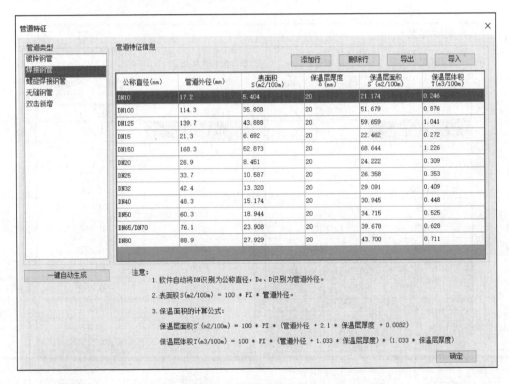

图 1-24　管道特征修改

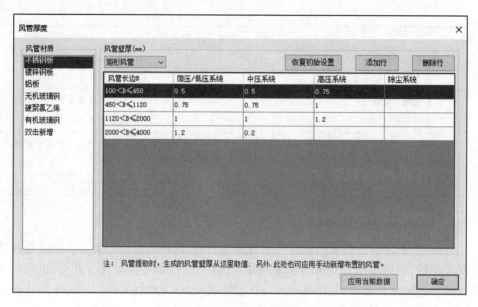

图 1 - 25 管道厚度设置

图 1 - 26 弯头导流片设置

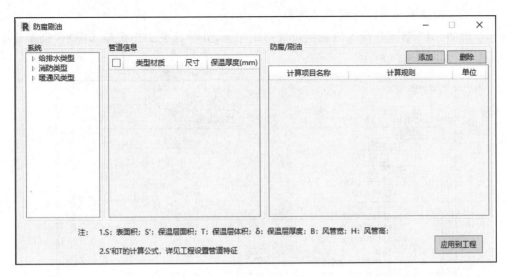

图 1 - 27   防腐刷油定义

完成各项设置后,点击安装计算出算量,当显示计算成功时,即可通过报表预览功能查看和导出各项算量报表。同时,也可以通过表格算量的功能分别选择构件、设备进行统计和导出。

BIM 模型出量

1.2.2   BIM 施工出图

1. BIM 施工出图的要求

目前,我国仍没有国家层面的 BIM 或 3D 出图统一标准,法律意义上的成果交付文件仍是二维的施工图纸和相关的修订文件。实际工程中我们经常对经过 BIM 协调优化的文件进行二次出图,结合优化后的三维模型、碰撞报告、优化报告等文件来提交相关的成果。

BIM 施工出图目前主要集中在建筑施工图和设备各专业施工图纸上,结构专业由于计算软件与接口、平法标注图面表示等原因,尚不能做到完全符合国家相关规范的施工图出图。同时,完成管线综合后的 BIM 模型目前作为成果广泛用于项目 BIM 咨询工作的提交。

总体而言,BIM 二维施工图出图应满足的基本要求与常规的设计施工图出图要求一致,即应做到内容齐全、比例合理、图面清晰、图例正确、标注到位等。在传统的 Revit 建模中,通常将相关的图纸导出后再到 CAD 软件里进行二次加工,以提高出图效率。

2. BIM 标注与施工出图

传统 Revit 标注效率相对较低,实际使用中经常引入各种插件。而 HIBIM 软件提供了多种辅助功能进行图面设置和标注。

例如,图纸管理功能可以批量设置图纸尺寸,并将相关工作面导入图框,批量生成图纸,如图 1-28 所示。

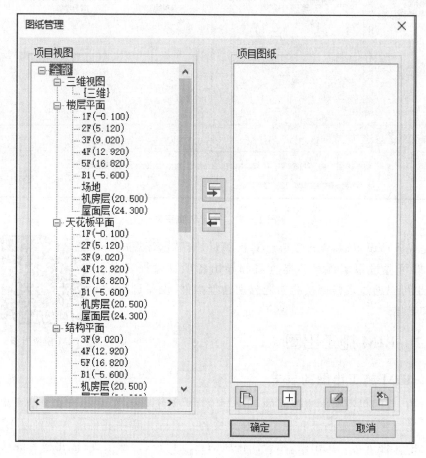

图 1-28　图纸管理

门窗大样功能可以框选某个范围内的所有门窗,自动生成 CAD 图纸所需的门窗大样,如图 1-29 所示。

多重标高功能可以快速生成多重标高标记,便于标准层绘制,如图 1-30 所示。

开洞、套管引注可对模型内优化后的开洞和套管直接进行引注,为优化后图纸出图提供便利,如图 1-31 所示。

此外,工具栏中也提供了尺寸快捷标注的菜单,使得不少标注工作可以在建模界面中直接完成,而不需要转换到 CAD 平面图,既提高了效率,又避免了错误,如图 1-32 所示。

在完成图面设置和标注后,仍可继续使用基本的 DWG 导出功能,在 CAD 中进行二出图前的修改,在满足要求后进行出图操作。

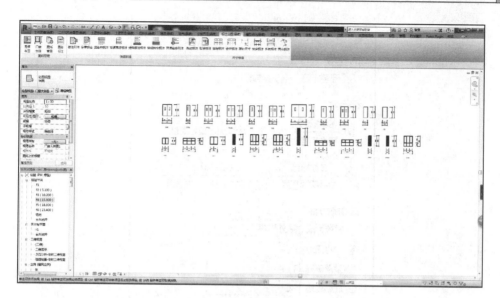

图 1－29　门窗大样

图 1－30　多重标高

BIM 模型出图

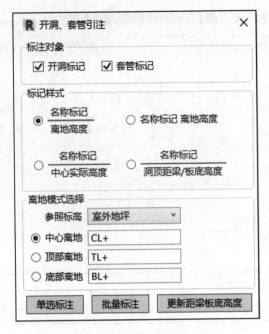

图 1-31　开洞、套管引注

图 1-32　尺寸标注工具栏

模拟角色:施工承包单位项目部技术员。

项目任务:以某办公楼为例,对图纸进行深化表达,并对模型进行出量计算。

项目成果内容:新建某办公楼 BIM 模型,并进行土建出量、安装出量计算。

第 2 章
BIM 模板工程软件应用

本章导读

本章我们将基于某实际工程——16 层实验楼项目,依托品著 BIM 模板工程设计软件(V3.0 版本),进行工程模板设计教学。

2.1 节:概　述

介绍品著 BIM 模板工程设计软件的基本功能、运行环境及界面。

2.2 节:工程设置

介绍认识工程、新建工程、工程信息、工程特征、杆件材料、楼层管理、标高设置、施工安全参数和配模配架、高支模辨识规则、高级设置。

2.3 节:结构识图与智能识别建模

介绍识别楼层表、转化轴网、转化柱、转化墙、转化梁、转化板。

2.4 节:结构建模

介绍轴网布置、柱建模、墙建模、梁建模、板建模、楼层复制。

2.5 节:模板支架设计

介绍模板支架智能布置、模板支架手动布置、模板支架编辑与搭设优化。

2.6 节:模板面板配置设计

介绍模板面板配模参数设置与配模规则修改、模板配置操作与成果生成。

2.7 节:模板方案制作与成果输出

介绍高支模辨识与调整、计算书生成与方案输出、施工图生成、材料统计输出与模板支架搭设汇总、三维成果展示。

学习目标

能力目标	知识要点
掌握模板工程软件的安装、运行	基本功能、运行环境、界面介绍
掌握模板软件建模信息设置	新建工程、工程信息、工程特征、杆件材料、楼层管理、标高设置、施工安全参数和配模配架、高支模辨识规则、高级设置
掌握智能建模	识别楼层表、转化轴网、转化柱、转化墙、转化梁、转化板
掌握结构建模	轴网布置、柱建模、墙建模、梁建模、板建模、楼层复制
掌握模板支架设计	模板支架智能布置、模板支架手动布置、模板支架编辑与搭设优化
掌握模板面板配置设计	模板面板配模参数设置与配模规则修改、模板配置操作与成果生成
掌握模板方案制作与成果输出	高支模辨识与调整、计算书生成与方案输出、施工图生成、材料统计输出与模板支架搭设汇总、三维成果展示

2.1 概 述

1. 基本功能

品茗模板工程设计软件是采用 BIM 技术理念设计开发的针对建筑工程现浇结构的模板支架设计软件,主要包括模板支架设计、施工图设计、专项方案编制、材料统计功能。本软件的设计宗旨是:建立结构模型即能获得所求结果。建模主要包括两种方式:AutoCAD 结构图识别建模和用户结构建模。整体流程如图 2-1 所示,功能项说明如表 2-1 所列。

表 2-1 功能项说明

功能项	版本说明
计算依据	《建筑施工扣件式钢管脚手架安全技术规范》JGJ 130—2011 《建筑施工模板安全技术规范》JGJ 162—2008 《混凝土结构施工规范》GB 50666—2011 《建筑施工临时支撑结构技术规范》JGJ 300—2013 《建筑施工承插型盘扣式钢管支架安全技术规程》JGJ 231—2010 《建筑施工碗扣式钢管脚手架安全技术规范》JGJ 166—2016

续表 2－1

功能项	版本说明
计算依据	《建筑施工承插型插槽式钢管支架安全技术规程》DB 33/T 1117—2015 浙江地标 《钢管扣件式模板垂直支撑系统安全技术规程》DG/TJ 08－016－2011 上海地标 《建筑施工扣件式钢管模板支架技术规程》DB 33/1035—2066 浙江地标 《建筑施工脚手架安全技术统一标准》GB 51210—2016
支模架类型	钢管扣件式、碗扣式、盘扣式、插槽式
构件智能设计	梁模板、板模板、墙模板、柱模板
手动调整/设计	支持
CAD 平台	2008 、2012、2014 版本；32 bit/64 bit
计算书	支持
施工方案	支持
材料统计	支持
平面施工图	支持
剖面图	支持
大样图	支持

在模板支架布置完成之后,采用配模功能可以对模板模型进行下料分析,并生成配模三维图、架体配置图和架体配置表,分别如图 2－2～图 2－4 所示。

2. 运行环境

品茗模板工程设计软件是基于 AutoCAD 平台开发的 3D 可视化模板支架设计软件。因此,安装本软件前,务必确保计算机已经安装 AutoCAD(为达到最佳显示效果,建议安装 AutoCAD 2008 32 bit、2012 32 bit/64 bit、2014 32 bit/64 bit)。目前对 PC 的硬件环境无特殊性能要求,建议 2 GB 以上内存,并配有独立显卡。

3. 界面介绍(见图 2－5)

① 菜单区:主要是软件的菜单栏(包括一些基本的操作功能、软件平台和资讯)及部分命令按钮面板。高版本 CAD 如果菜单栏未显示,可以单击左上角的 CAD 图标右侧的下拉三角,选择里面的显示菜单栏。

② 功能区:这里按照模板工程设计软件操作步骤顺序列出了各项建模操作和专业功能命令。

③ 属性区:显示各构件的属性和截面。注意双击属性区下侧的黑色截面图,可以改变部分构件的截面。

④ 视图区:主要显示软件的二维、三维模型和布置的模板支架等。

工程设置

⑤ 命令区：主要是一些常用的命令按钮，可以根据需要设置。

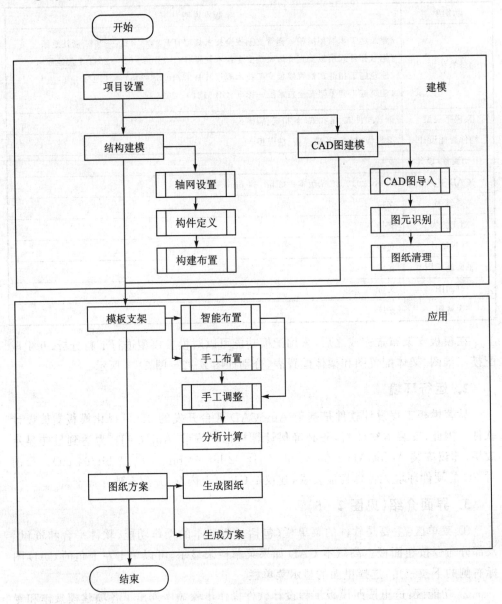

图 2 - 1　整体流程图

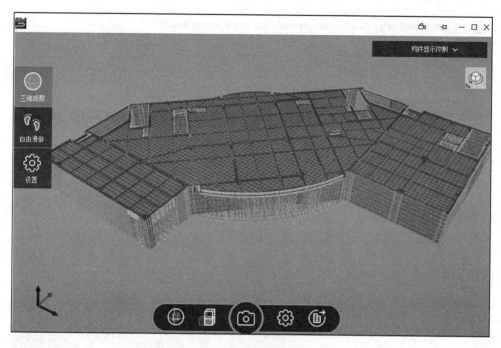

图 2 - 2　配模三维图

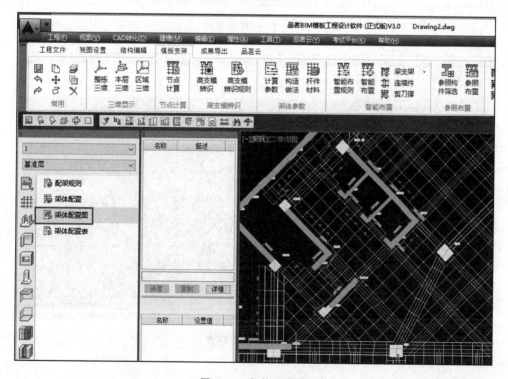

图 2 - 3　架体配置图

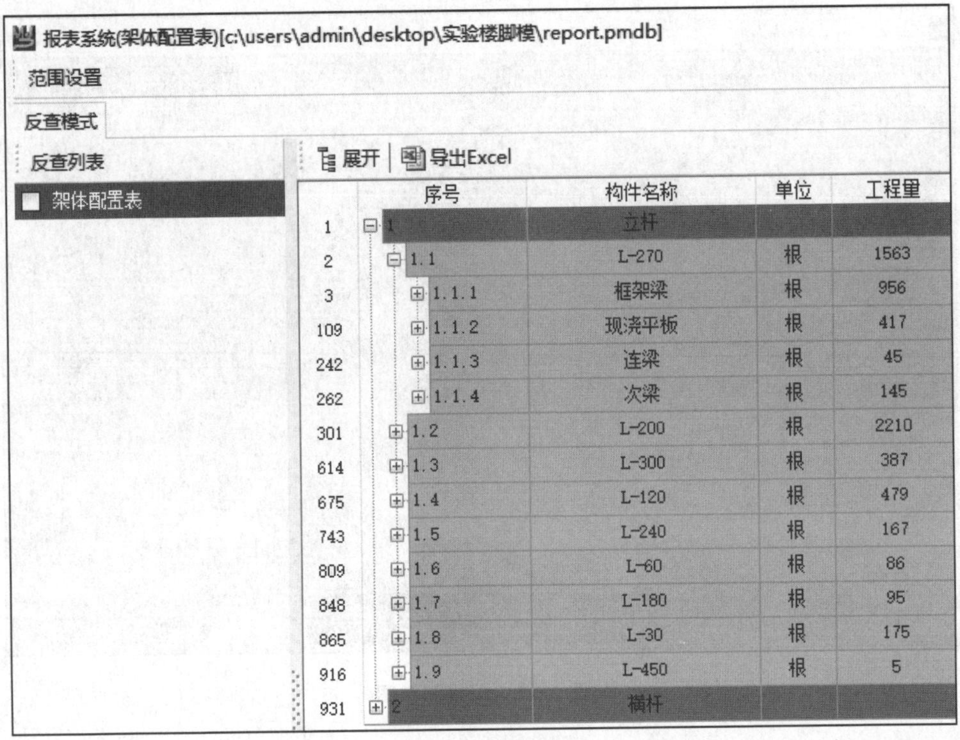

报表系统(架体配置表)[c:\users\admin\desktop\实验楼脚模\report.pmdb]

范围设置

反查模式

反查列表　　　　　　　目展开　目导出Excel

☐ 架体配置表

	序号	构件名称	单位	工程量
1	1	立杆		
2	1.1	L-270	根	1563
3	1.1.1	框架梁	根	956
109	1.1.2	现浇平板	根	417
242	1.1.3	连梁	根	45
262	1.1.4	次梁	根	145
301	1.2	L-200	根	2210
614	1.3	L-300	根	387
675	1.4	L-120	根	479
743	1.5	L-240	根	167
809	1.6	L-60	根	86
848	1.7	L-180	根	95
865	1.8	L-30	根	175
916	1.9	L-450	根	5
931	2	横杆		

图 2-4　架体配置表

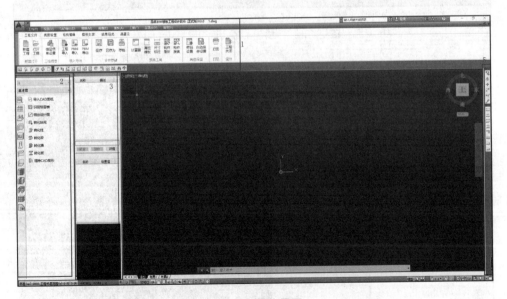

图 2-5　操作界面

2.2　工程设置

1. 认识工程

本章我们将为一幢16层的实验楼建模,这幢建筑将作为后面模板工程设计的对象与依据。该实验楼采用钢筋混凝土框架结构形式,基础主要采用柱下独立基础的形式。

2. 新建工程

打开软件,如图 2-6 所示,在界面单击"新建工程",创建工程名,并保存,如图 2-7 所示,完成新工程的建立(这里创建的文件类型虽然是"工程名.pmjmys",但会自动创建同名文件夹,文件夹内的所有内容才是工程文件)。如已经新建好拟建工程,则直接单击"打开工程",找出对应工程即可。

图 2-6　开启界面

3. 工程信息

下面将根据实验楼的相关信息和要求,对工程进行整体参数的设置。在符合相应规范要求的前提下,结合模板工程所在地区和实际工程要求,选择合理的支模架架体类别,这是进行模板工程设计的关键,所有设计都将建立在相应的标准和规范之上,如图 2-8 所示。本工程选择全国版——扣件式。

图 2-7　保存界面

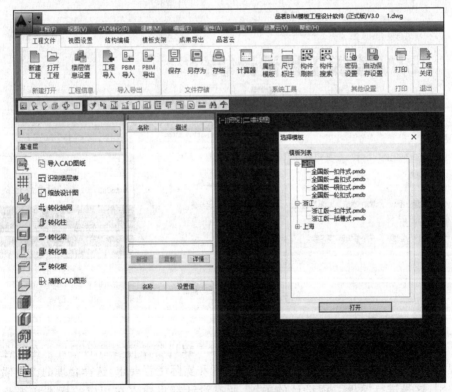

图 2-8　模板类型选择

打开新建工程,如图 2-9 所示,在"工程"里找到"工程设置"选项并打开对话框,如图 2-10 所示,在"工程信息"一项输入本工程的基本情况,以便对工程进行管理,该信息会直接引用到方案和施工图的相应位置。

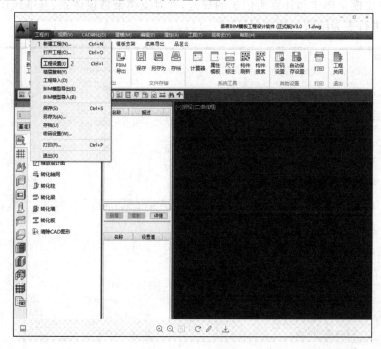

图 2-9　工程设置

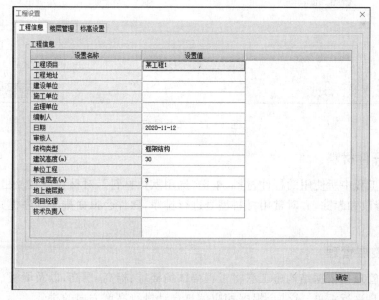

图 2-10　工程信息

4. 工程特征

在选择全国版——扣件式模板后,可根据本工程所处位置及考虑模板工程结构特点,修改支模架架体和计算所依据的规范,并对支模架搭设体系、基本风压、工程构造等要求进行更为细致的调整(见图 2-11)。

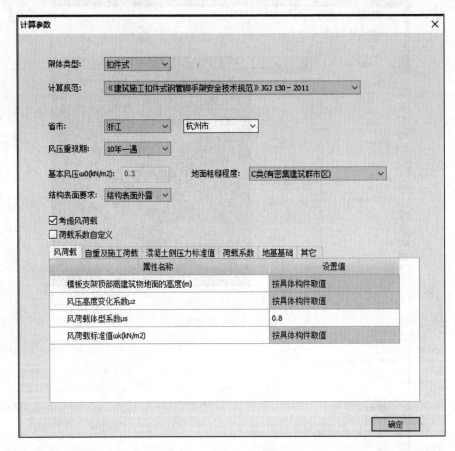

图 2-11 工程特征

5. 杆件材料

根据工程中所使用的杆件材料,单击"选用默认材料",对材料型号及相关参数进行增加、修改和删除,并对常用材料型号进行排序,软件会根据排序顺序优先选择(见图 2-12)。

6. 楼层管理

楼层管理指依据结构施工图将工程楼体的楼层、标高、层高,以及梁板、柱墙混凝土强度信息进行汇总,软件会根据相应信息自动进行高度方向的拼装。

具体做法为根据结构施工里的楼层信息(见图 2-13),在"楼层管理"里输入相

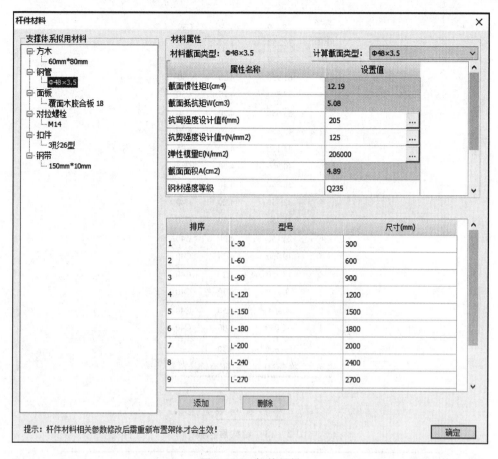

图 2 - 12　杆件材料

应的数值(见图 2 - 14),并对楼层性质和混凝土强度进行定义。这里的楼地面标高是指建筑的相对标高,除最低一层的楼地面标高要输入外,其余各层按顺序输入层高就可自动获得数据。

7. 标高设置

标高设置即选择建模时构件使用的标高是工程标高(图纸上的标高,即相对标高)还是楼层标高(层高),一般建议选用工程标高,此设置可以整栋设置,也可以根据楼层、构件分别设置(见图 2 - 15)。

8. 施工安全参数和配模配架

施工安全参数、配模配架是指按照规范要求并结合施工现场工况设置墙、柱、梁、板的支模架支撑体系。施工安全参数设置后,需要应用到工程中去,并指定楼层和构造做法(见图 2 - 16、图 2 - 17)。

层号	标高(M)	层高(M)	未注明构件混凝土等级
塔楼	74.300		C30
屋面	70.350	3.95	C30
16	66.150	4.20	C30
15	61.950	4.20	C30
14	57.750	4.20	C30
13	53.550	4.20	C30
12	49.350	4.20	C30
11	45.150	4.20	C35
10	40.950	4.20	C35
9	36.750	4.20	C40
8	32.550	4.20	C40
7	28.350	4.20	C40
6	24.150	4.20	C40
5	19.950	4.20	C40
4	15.750	4.20	C40
3	9.450	6.30	C40
2	4.950	4.50	C40
1	−0.050	5.00	C40
−1	−4.850	4.80	

底部加强区（对应1、2层）

结构层楼面标高
结 构 楼 层 表

图 2 - 13   结构层标高

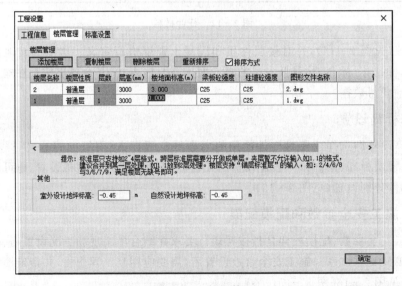

图 2 - 14   楼层管理

工程设置
工程信息
楼层管理
标高设置
标高设置
1层
2层
类型名称
标注模式
1层
楼层标高
基础
工程标高
墙
楼层标高
墙洞
楼层标高
柱
楼层标高
梁
楼层标高
板、楼梯
楼层标高
整栋:
按楼层标高
按楼层标高
按工程标高
工程标高：相当于工程±0的高度
楼层标高：相对于本层楼地面的高度
确定

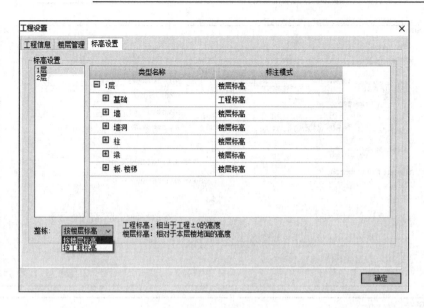

图 2－15　标高设置

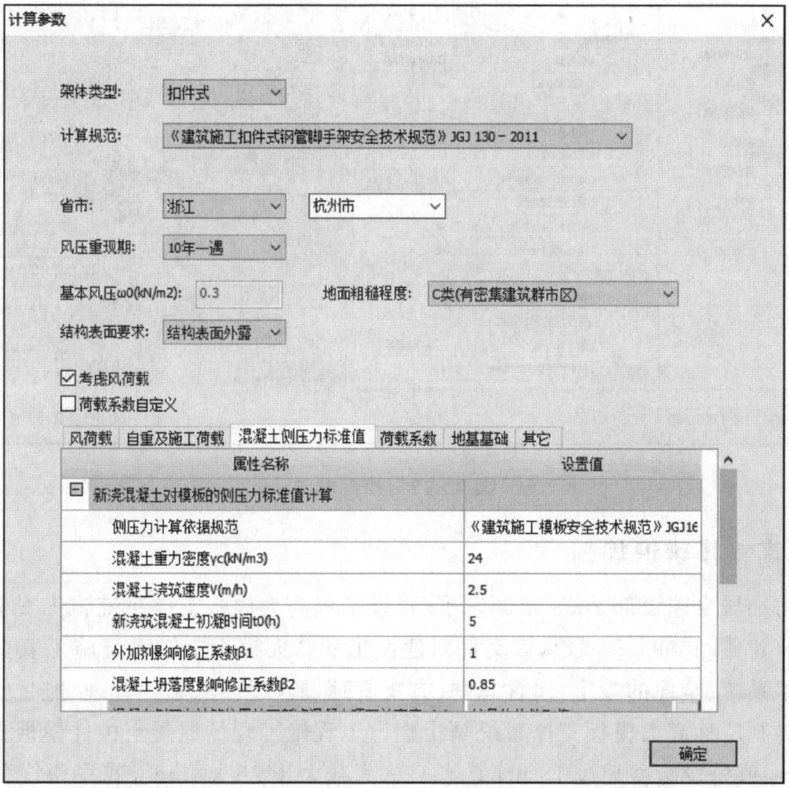

计算参数
架体类型:
扣件式
计算规范:
《建筑施工扣件式钢管脚手架安全技术规范》JGJ 130－2011
省市:
浙江
杭州市
风压重现期:
10年一遇
基本风压ω0(kN/m2):
0.3
地面粗糙程度:
C类(有密集建筑群市区)
结构表面要求:
结构表面外露
考虑风荷载
荷载系数自定义
风荷载
自重及施工荷载
混凝土侧压力标准值
荷载系数
地基基础
其它
属性名称
设置值
新浇混凝土对模板的侧压力标准值计算
侧压力计算依据规范
《建筑施工模板安全技术规范》JGJ16
混凝土重力密度γc(kN/m3)
24
混凝土浇筑速度V(m/h)
2.5
新浇筑混凝土初凝时间t0(h)
5
外加剂影响修正系数β1
1
混凝土坍落度影响修正系数β2
0.85
确定

图 2－16　施工安全参数

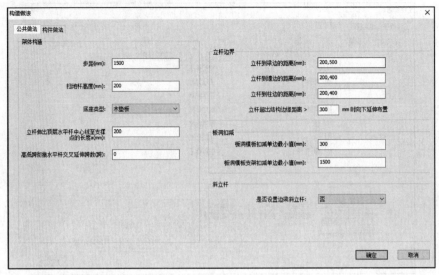

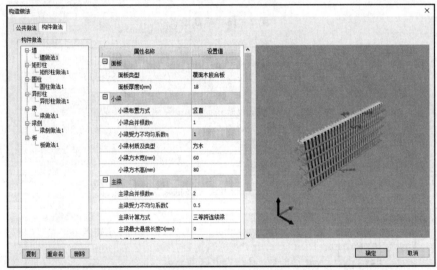

图 2-17 构造做法

9. 高支模辨识规则

住房和城乡建设部 2009 年颁发了《建设工程高大模板支撑系统施工安全监督管理导则》(建质[2009]254 号),该文件对建设工程高大模板支撑系统施工安全监督管理进行了系统、全面的规定,包含总则、方案管理、验收管理、施工管理、监督管理和附则。本导则所称高大模板支撑系统是指建设工程施工现场混凝土构件模板支撑高度超过 8 m,或搭设跨度超过 18 m,或施工总荷载大于 15 kN/m^2,或集中线荷载大于 20 kN/m 的模板支撑系统(见图 2-18)。

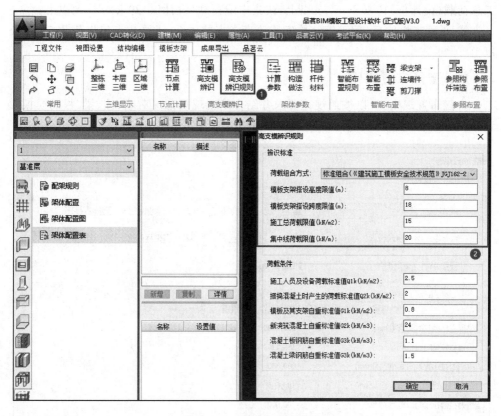

图 2-18　高支模辨识规则

2018 年 3 月 8 日住房和城乡建设部下发《危险性较大的分部分项工程安全管理规定》(住房城乡建设部令第 37 号)。2018 年 5 月 22 日住房和城乡建设部办公厅下发关于实施《危险性较大的分部分项工程安全管理规定》有关问题的通知(建办质〔2018〕31 号),对住房和城乡建设部令第 37 号中关于危大工程的范围和专项施工方案的内容进一步予以明确,具体如下:

(1) 危险性较大的分部分项工程范围(模板工程及支撑体系)

① 各类工具式模板工程:包括滑模、爬模、飞模、隧道模等工程。

② 混凝土模板支撑工程:搭设高度 5 m 及以上,或搭设跨度 10 m 及以上,或施工总荷载(荷载效应基本组合的设计值,以下简称设计值)10 kN/m² 及以上,或集中线荷(设计值)15 kN/m 及以上,或高度大于支撑水平投影宽度且相对独立无联系构件的混凝土模板支撑工程。

③ 承重支撑体系:用于钢结构安装等满堂支撑体系。

(2) 超过一定规模的危险性较大的分部分项工程范围(模板工程及支撑体系)

① 各类工具式模板工程:包括滑模、爬模、飞模、隧道模等工程。

② 混凝土模板支撑工程:搭设高度 8 m 及以上,或搭设跨度 18 m 及以上,或施

工总荷载(设计值)15 kN/m² 及以上,或集中线荷载(设计值)20 kN/m 及以上。

③ 承重支撑体系:用于钢结构安装等满堂支撑体系,承受单点集中荷载 7 kN 及以上。

10. 智能布置规则

智能布置规则:可以按照规范要求并结合施工现场情况对墙、柱、梁、板的模板设置相关参数进行修改,以便适用更多形式的模板工程(见图 2-19)。

(a) 界面1

图 2-19 智能布置规则

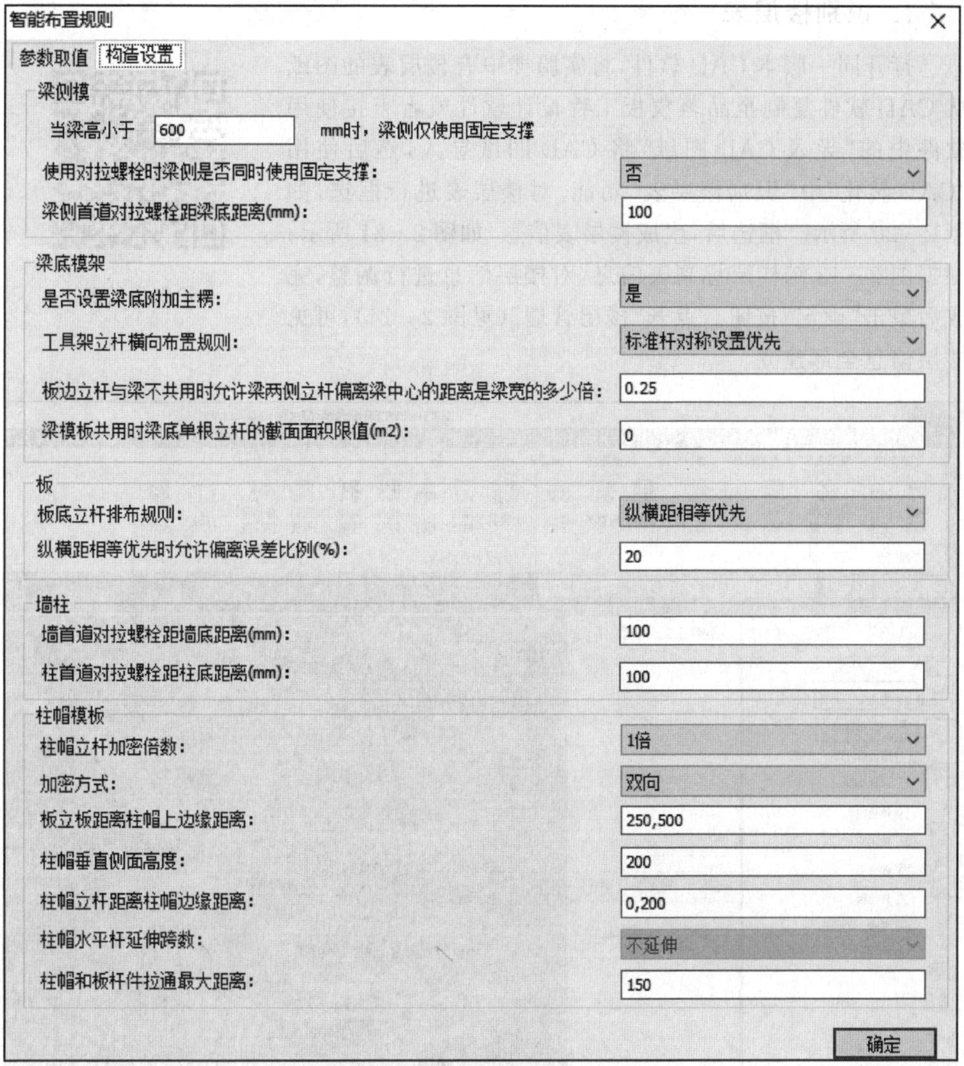

(b) 界面2

图 2 - 19　智能布置规则(续)

2.3　结构识图与智能识别建模

智能识别建模是快速将二维设计图纸转换为三维 BIM 模型的技术,可以大大降低建模的成本和时间。本节将介绍楼层表以及轴网、柱、墙、梁、板等与模板工程有关构件的识别和转换过程。

1. 识别楼层表

打开同一版本 CAD 软件,将实验楼中有楼层表的图纸从 CAD 软件复制至品茗模板工程设计软件或者直接使用软件中的"导入 CAD 图纸"将 CAD 图纸导入,然后使用"CAD 转化"中"识别楼层表"功能,对楼层表进行框选,如图 2-20 所示。框选后,生成楼层表信息,如图 2-21 所示;根据图 2-13 结构层标高表信息,对楼层信息进行调整,完成后单击"确定"按钮。点开"楼层管理"(见图 2-14),可见楼层信息全部建立。

识别楼层表

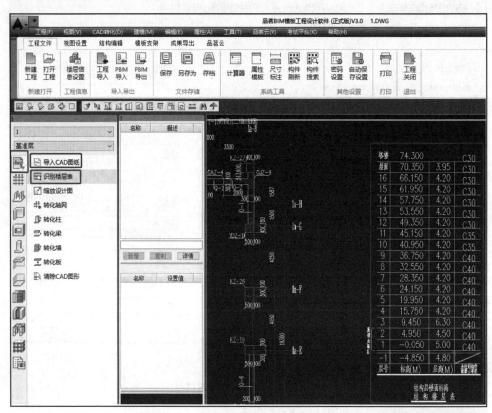

图 2-20 识别楼层表

2. 转化轴网

在施工图中通常将建筑的基础、墙、柱、梁和板等承重构件的轴线画出,并进行编号,用于施工定位放线和查阅图纸,这些轴线称为定位轴线。建立实验大楼结构模型的第一步就是建立轴网,这里将竖向构件平面布置图(选取-0.400~43.500 m 柱子平面

转化轴网

布置图)复制至本软件,操作如图 2 - 22 所示。

图 2 - 21　生成楼层表

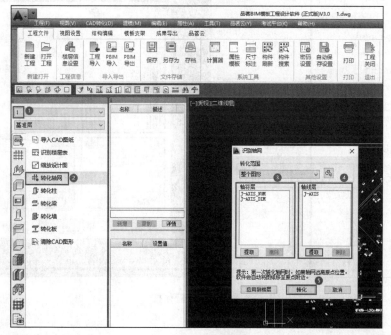

图 2 - 22　转化轴网

转化轴网具体操作步骤如下：

① 选定要操作的标准层，这里从实验楼第1层开始。

② 单击"转化轴网"，出现"识别轴网"对话框。"提取"轴符层，在视图区选中包括轴号、轴距标注所在图层；"提取"轴线层，在视图区选中轴线层。选中后如有遗漏，可再次提取，直到相应图层完全不见。

③ 单击"转化"按钮，完成模型的轴网建立，并可应用到其他楼层。

3. 转化柱

在已转化轴网的柱子平面布置图上，单击"转化柱"，出现"识别柱"对话框（见图2-23）。转化前需设置柱识别符（见图2-24），柱识别符转化柱作为可被软件识别的代号，应符合国家建筑标准设计图集16G101-1对于柱和墙柱编号的规定（见表2-2、表2-3）。

转化柱

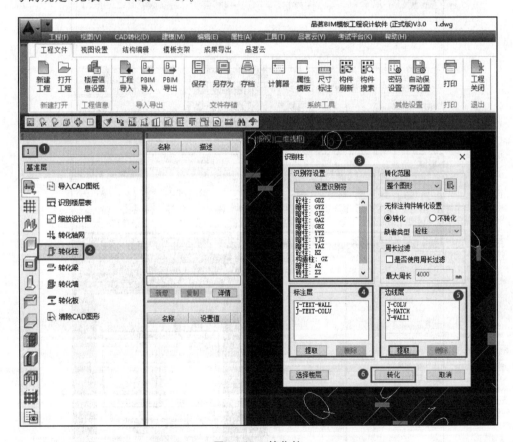

图 2-23 转化柱

图 2-24　转化柱识别符

表 2-2　柱编号

柱类型	代　号	序　号
框架柱	KZ	xx
转化柱	ZHZ	xx
芯柱	XZ	xx
梁上柱	LZ	xx
剪力墙上柱	QZ	xx

注：编号时，当柱的总高、分段截面尺寸和配筋均对应相同，仅截面与轴线的关系不同时，仍可将其编为同一柱号，但应在图中注明截面与轴线的关系。

表 2-3　墙柱编号

墙柱类型	代　号	序　号
约束边缘构件	YBZ	xx
构造边缘构件	GBZ	xx
非边缘暗柱	AZ	xx
扶壁柱	FBZ	xx

注：约束边缘构件包括约束边缘暗柱、约束边缘端柱、约束边缘翼墙、约束边缘转角墙 4 种。构造边缘构件包括构造边缘暗柱、构造边缘端柱、构造边缘翼墙、构造边缘转角墙 4 种。

转化柱具体操作步骤如下：

① 选定要操作的标准层，这里从实验楼第 1 层开始。

② 在"识别柱"对话框(见图 2-23)中设置柱识别符，以便提取图纸中的对应信息。"提取"标注层，在视图区选中包括柱编号、柱定位标注所在的图层;"提取"边线层，在视图区选中柱截面外框线层。选中后如有遗漏，可再次提取，直到相应图层完全不见。

③ 单击"转化"按钮，完成模型的 1 层柱转化。通过"本层三维"显示检查模型(见图 2-25)。

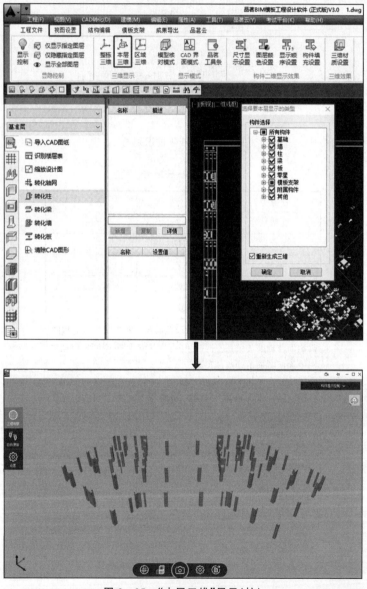

图 2-25 "本层三维"显示(柱)

4. 转化墙

实验楼采用钢筋混凝土框架剪力墙的结构形式。下面介绍转化墙,具体操作步骤如下:

① 剪力墙和柱一般都在同一张结构图纸上。

② 单击"转化墙",出现"识别墙及门窗洞"对话框。单击"墙转化设置"中的"添加",来识别图纸中墙边线信息。

转化墙

首先,在图 2 - 26 中❹处将软件提供的墙厚信息全部再检查,看图纸中是否还有其他墙厚尺寸,如有遗漏可输入、添加或者从图中提取;在❺处提取墙的边线层,观察图纸直至边线层全部提取。

③ 右键单击对话框,如图 2 - 27 所示,提取"墙名称标注层",观察图纸直至墙名称全部提取。完成转化,并通过三维效果进行检查。

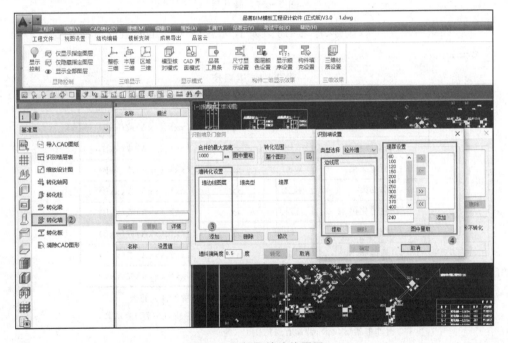

图 2 - 26　提取墙边线图层

5. 转化梁

品茗模板工程设计软件对梁的智能识别是基于梁平法施工图制图规则,梁平法施工图系在梁平面布置图上采用平面注写方式或截面注写方式表达,以前者最为常用。平面注写包括集中标注与原位标注,集中标注表达梁的通用数值,原位标注表达梁的特殊数值。对于模板工程,需要用到的标注数值有:梁编号、截面尺寸、梁顶面标高高差,应符合国家建筑标准设计图集 16G101 - 1 的相关规定。

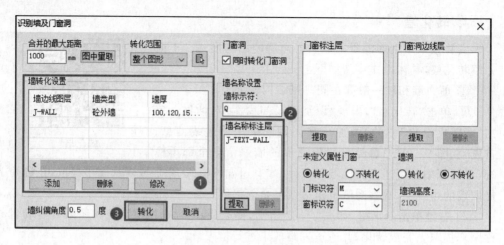

图 2-27 转化墙

① 梁编号由梁类型代号、序号、跨数及有无悬挑代号几项组成,应符合表 2-4 的规定。

表 2-4 梁编号

梁类型	代 号	序 号	跨数及是否带有悬挑
楼层框架梁	KL	xx	(xx)、(xxA)或(xxB)
楼层框架扁梁	KBL	xx	(xx)、(xxA)或(xxB)
屋面框架梁	WKL	xx	(xx)、(xxA)或(xxB)
框支梁	KZL	xx	(xx)、(xxA)或(xxB)
托柱转化梁	TZL	xx	(xx)、(xxA)或(xxB)
非框架梁	L	xx	(xx)、(xxA)或(xxB)
悬挑梁	XL	xx	(xx)、(xxA)或(xxB)
井字梁	JZL	xx	(xx)、(xxA)或(xxB)

注:1.(xxA)为一端有悬挑,(xxB)为两端有悬挑,悬挑不计入跨数。

【例】KL7(5A)表示第 7 号框架梁,5 跨,一端有悬挑;L9(7B)表示第 9 号非框架梁,7 跨,两端有悬挑。

2.楼层框架扁梁节点核心区代号 KBH。

3.本图集中非框架梁 L、井字梁 JZL 表示端支座为铰接;当非框架梁 L、井字梁 JZL 端支座上部纵筋为充分利用钢筋的抗拉强度时,在梁代号后加"g"。

【例】Lg7(5)表示第 7 号非框架梁,5 跨,端支座上部钢筋为充分利用钢筋的抗拉强度。

② 梁截面尺寸为必注值。当为等截面梁时,用 bxh 表示,且原位标注优先于集中标注。

③ 梁顶面标高高差,系指相对于结构层楼面标高的高差值,对于位于结构夹层

的梁,则指相对于结构夹层楼面标高的高差。有高差时,需将其写入括号内;无高差时,不注。

注:当某梁的顶面高于所在结构层的楼面标高时,其标高高差为正值,反之为负值。

【例】某结构标准层的楼面标高分别为 4.950 m 和 48.250 m,当这两个标准层中某梁的梁顶面标高高差注写为(−0.050)时,即表明该梁顶面标高分别相对于 44.950 m 和 48.250 m 低 0.050 m。

转化梁具体操作步骤如下:

① 从实验楼第 1 层开始,创建该层顶部的梁,需将"3.900 标高梁平法施工图"带基点复制至软件。

② 如图 2−28 所示,为方便捕捉轴线交点,可通过"构件显示"中的"显示控制"关闭柱层。

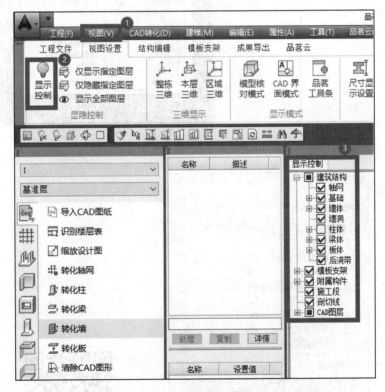

图 2−28　显示控制

③ 单击"转化梁",出现"梁识别"对话框(见图 2−29),设置梁识别符,以便提取图纸中的对应信息(见图 2−30)。"提取"标注层,在视图区选中包括集中标注和原位标注所在图层;"提取"边线层,在视图区选中梁线层。选中后如有遗漏,可再次提取,直到相应图层完全不见。

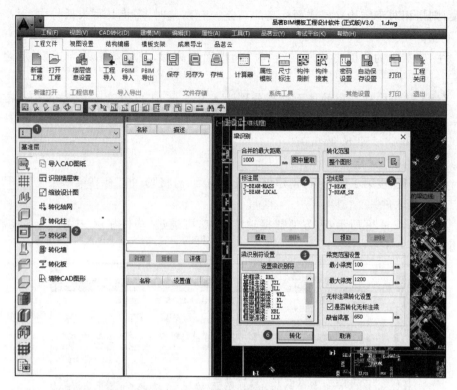

图 2-29 转化梁

图 2-30 梁识别符设置

转化梁

④ 单击"转化"按钮,完成模型的 1 层顶梁转化。恢复柱层显示,通过"本层三维显示"检查模型(见图 2 - 31)。

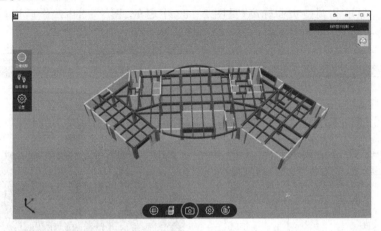

图 2 - 31　本层三维显示(梁、柱、墙)1

6. 转化板

"清除 CAD 图形"后,从实验楼第 1 层开始,创建顶层的板,需将"3.900 标高板配筋图"带基点复制至软件(操作同转化梁),转化板操作如图 2 - 32 所示。

转化板

转化板具体操作步骤如下:

① 单击"转化板",出现"识别板"对话框,"提取"标注层,在视图区选中板相关信息,如板厚、板标高等。选中后如有遗漏,可再次提取,直到相应图层完全不见。

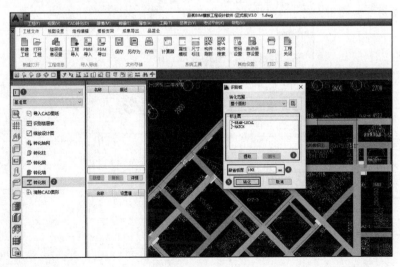

图 2 - 32　转化板

② 查看图纸说明中未注明的板厚信息,填入"缺省板厚"中,完全转化。

③ 根据图对模型进行调整:a. 删除多余的板;b. 选中板,调整板厚(见图 2-33 中❶处);c. 显示和调整板面标高(见图 2-33 中❷处、图 2-34)。最后通过"本层三维显示"检查模型(见图 2-35)。

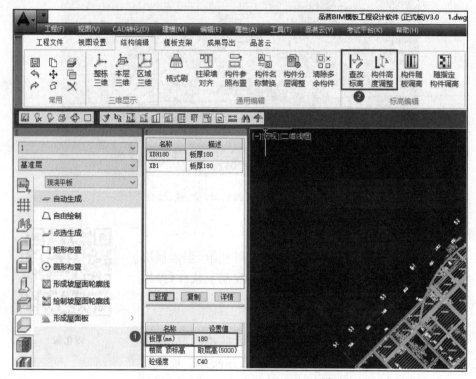

图 2-33　板调整

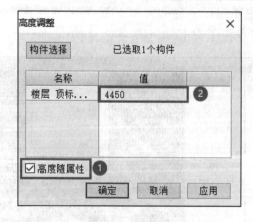

图 2-34　板面标高

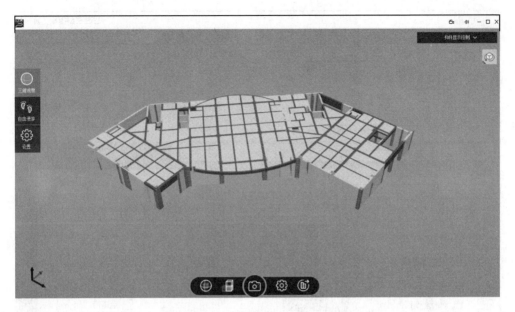

图 2 - 35　本层三维显示(梁、板、柱)1

2.4　结构建模

除了智能识别建模外,手工建模(即结构建模)也是经常用来构建结构模型的一种处理方案。结构建模不仅具有基于行业用户习惯设计的建模功能,而且具有简单易用、快捷高效的特点,是构建局部结构模型的首选解决方案。本节将按照结构建模的一般顺序,即绘制轴网,布置柱、墙、梁、板等进行介绍。

2.4.1　轴网布置

选定要操作的标准层,这里从实验楼第 2 层开始进行结构建模介绍。为了与第 1 层轴网对齐,可采用层间复制轴网到第 2 层(见图 2 - 36),保留轴①和轴Ⓐ以便定位,删除其余轴网。轴网是结构建模的基准,品茗模板工程设计软件可对轴网进行绘制、移动、删除、合并、转辅轴等操作,支持正交、弧形轴网等多种形式的自由绘制,具体操作步骤如下:

① 单击“轴网布置”中“绘制轴网”,出现“轴网”对话框,如图 2 - 37 所示。在“下开间”下部空白行右击“添加”增加行,分别输入轴①~轴⑧之间的轴间距;在“左进深”下部空白行右击“添加”增加行,分别输入轴Ⓐ~轴Ⓓ之间的轴间距。单击“确定”

图 2-36 轴网层间复制

按钮,将新建轴网体系按照图 2-37 中的基点位置导入 2 层视图中。

② 单击"删除轴线",将保留的轴①和轴Ⓐ清除。

③ 在视图区用 CAD 直线命令画出辅助轴线,再单击"转成辅轴",完成添加辅助轴线。

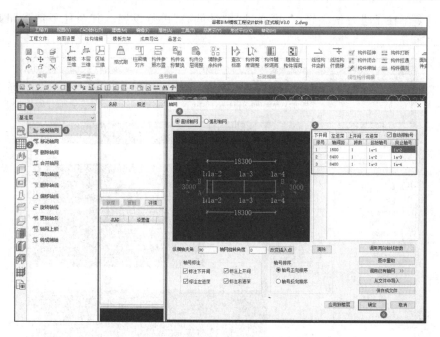

图 2-37　轴网布置

2.4.2　柱建模

从实验楼第 2 层开始创建结构柱,所有结构构件都应遵循先定义、后布置的建模原则。打开第 2 层柱子平面布置图,对轴①和轴Ⓐ交接处 KZ1 进行布置。

1. 定义柱子

在"结构建模"中选择构件类型"柱"(见图 2-38❷处),再选择柱子类型为"砼柱";在❹处确定当前操作为 KZ1;双击❻处,出现右侧"选择截面"对话框;在❼处选择截面形式为"矩形";在❽处对截面尺寸进行点击修改,完成后按"确定"按钮。

轴网布置

柱建模

2. 布置柱子

"点选布置"(见图 2-39)可选择插入点对柱进行布置;"轴交点布置"可框选轴线交点,在选中的交点处布置柱。单击"偏心设置",可选中单个柱子进行偏心修正;

若要对多个柱子进行偏心修正,可通过"批量偏心"进行设置。其余柱子请参照此方法依次布置。

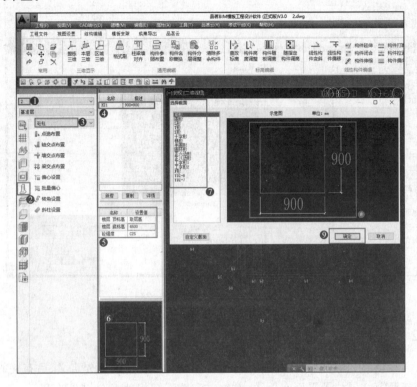

图 2-38　柱子定义

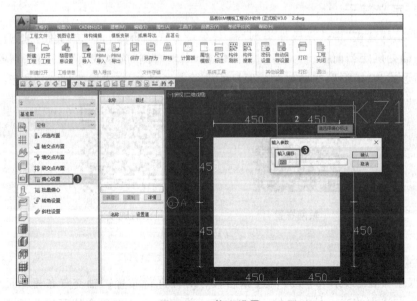

图 2-39　偏心设置

2.4.3　墙建模

从实验楼第 2 层开始创建混凝土墙,所有结构构件都应遵循先定义、后布置的建模原则。打开第 2 层框架柱剪力墙平面布置图,对轴⑭ - B 上 Q - 4 进行布置。

墙建模

1. 定义墙

在"结构建模"中选择构件类型"墙"(见图 2 - 40❷处),再选择墙类型为"砼外墙"(见❸处)。"新增"混凝土外墙,在❹处可对新增墙的名称和描述进行定义,但真实的墙厚显示在❺处,应在❺处对墙厚进行修改,并使❹处描述与其对应。

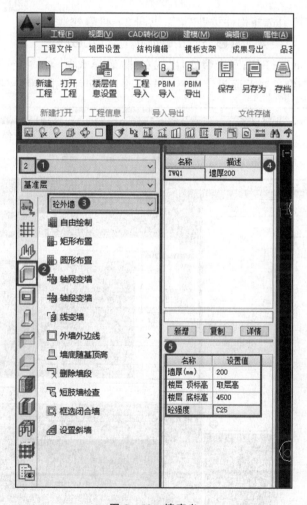

图 2 - 40　墙定义

2．布置墙

如图 2 - 40 所示，对墙布置可采用"自由绘制"、"矩形布置"和"圆形布置"，同时也可把已存在的轴网、轴段、线段直接转化成墙。

2.4.4 梁建模

从实验楼第 2 层开始，创建该层顶部的梁，梁构件应遵循先定义、后布置的建模原则。打开"二层结构平面布置图"，对轴 1a - 2 上 KL - 213 进行布置。

梁建模

1．定义梁

在"结构建模"中选择构件类型"梁"（见图 2 - 41❷处），再选择梁类型为"框架梁"（见❸处）；在❹处新增梁，在❺处确定当前操作为 KL - 213；双击❻处，出现右侧"选择截面"对话框；在❼处选择截面形式为"矩形"；在❽处对截面尺寸进行点击修改，完成后单击"确定"按钮。

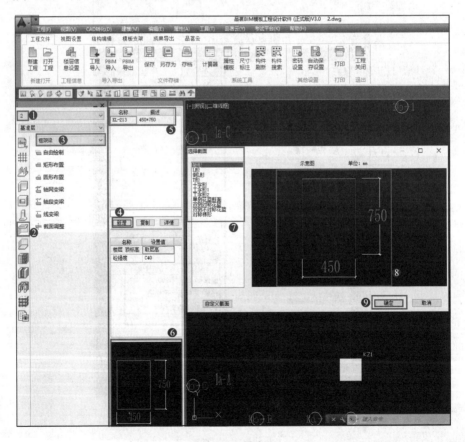

图 2 - 41　梁定义

2．布置梁

用"自由绘制"对梁进行布置，首先选中要布置的梁（见图 2−42❶处），然后在"属性"对话框中定义梁与布置路径的关系以及梁顶标高（见❸处），最后在视图区绘制。对梁布置还可采用"矩形布置""圆形布置"，同时也可把已存在的轴网、轴段、线段直接转化成梁。

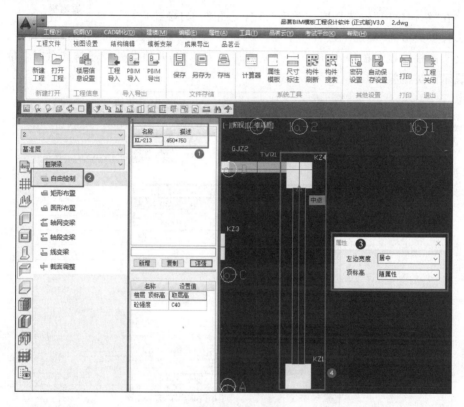

图 2−42　梁布置

除了用"移动"命令来调整梁位置外，还可用"柱梁墙对齐"来使 KL 梁边和柱边对齐进行位置调整（见图 2−43 中❶处）；单击"构件高度调整"，可对梁进行高度修正（见图 2−43 中❷处）。其余梁请参照此方法依次布置。

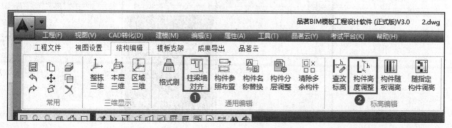

图 2−43　梁调整

2.4.5 板建模

板建模

从实验楼第 2 层开始,创建该层顶部的板,打开"7.500标高板筋图",对照图纸进行布置。

1.定义板

在"结构建模"中选择构件类型"板"(见图 2-44❷处),再选择板类型为"现浇平板"。"新增"板,在❹处可对新增板的名称和描述进行定义,但真实的板厚显示在❺处,应在❺处对板厚进行修改,并使❹处描述与其对应。❻处可显示此类型板的外观。

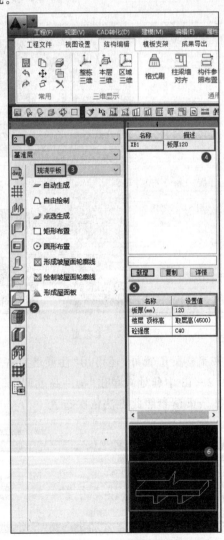

图 2-44 板定义

2. 布置板

用"自动生成"进行板布置,首先要设置生成板的方式(见图 2-45),其次框选要布置板的区域(这里全选 2 层区域)。对板布置还可采用"自由绘制"、"点选生成"、"矩形布置"和"圆形布置",同时也可通过轮廓线生成坡屋面板。

根据图纸对模型进行调整:① 删除多余的板;② 调整板厚(通过新增板);③ 显示和调整板面标高(见图 2-33 中❷处、图 2-34)。

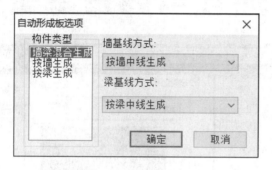

图 2-45　自动生成板

最后通过"本层三维显示"检查模型(见图 2-46)。

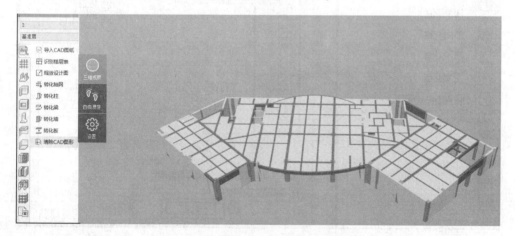

图 2-46　本层三维显示(梁、板、柱)2

2.4.6　楼层复制

图纸中 3 层不是标准层,需要手工建模或者复制修改建好,而"15.750-66.150"标高内均为标准层,即模型中 4～16 层的楼层顶部梁板布置完全相同。该范围内柱的布置也相同,故可进行模型的楼层复制(见图 2-47),将 3 层的所有构件复制到 4～16 层。

楼层复制具体操作步骤如下:单击"楼层复制",选择源楼层为"3"、目标楼层为

"4~16",并点选要复制的构件"柱""梁""板",完成复制。根据图纸信息,接着完成17层建模,最后通过"三维显示"中"整栋三维显示"来检查模型(见图 2-48、图 2-49)。

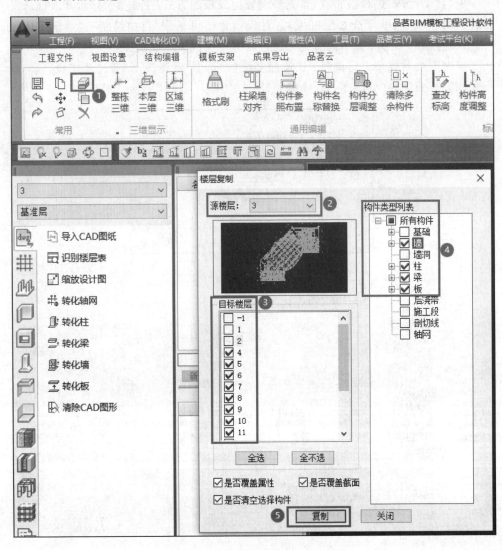

图 2-47 楼层复制(梁、板,柱)

楼层复制

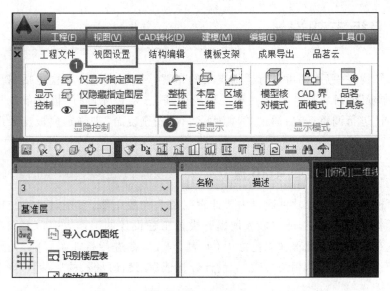

图 2-48 三维显示

图 2-49 整栋三维显示

2.5 模板支架设计

完成结构建模后,即可进行模板支架的布置。模板支架的布置包括"智能布置"和"手动布置"两种方式。对于一般工程的处理,通常是先进行"智能布置",再使用"手动布置"进行调整,最后通过"智能优化"和"安全复合"来确定模板支架设计的最终方案。

2.5.1 模板支架智能布置

品茗模板工程设计软件通过内置计算引擎和布置引擎,实现对已建结构模型智能布置模板支架的功能,能够极大地提升模板工程设计的工作效率。模板支架智能布置建立在相关技术规程和规范之上(见表 2-1),在进行智能布置前,先要设置好模板支架计算和布置的相关参数,如设计计算依据、设计风载、构造参数、安全计算参数等。

1. 模板支架相关参数

如图 2-11 所示,打开"工程特征"对话框举例说明。本工程选择"架体类型"为"扣件式","计算依据"采用《建筑施工扣件式钢管脚手架安全技术规》JGJ 130—2011。根据工程所在地选择省份和地区,软件会根据地区读取基本风压。打开"模板支架"下的"智能布置规则",在"参数取值"一栏,"梁底立杆纵向间距范围"默认值为"300,1 200",这里表示其间距范围为 300~1 200 mm;对于高支模等有更高要求的,可进行更改,其他参数根据实际工程需要类似设置,如图 2-50 所示。

2. 模板支架智能布置操作步骤

模板支架智能布置具体操作步骤如下:

① 选定要操作的标准层,这里从实验楼第 1 层开始。

② 单击"智能布置梁",框选所有构件,完成梁模板支架整体智能布置,也可对梁模板支架仅进行底模布置或侧模布置。

③ 单击"智能布置板",框选所有构件,完成板模板支架智能布置。

④ 单击"智能布置柱模板",框选所有构件,完成柱模板智能布置。

模板支架布置

⑤ 单击"智能布置剪刀撑",完成剪刀撑智能布置(见图 2-51)。

⑥ 单击"智能布置连墙件",完成连墙件智能布置。

⑦ 单击"智能优化",框选所有构件,完成构件衔接的优化(见图 2-52、图 2-53)。

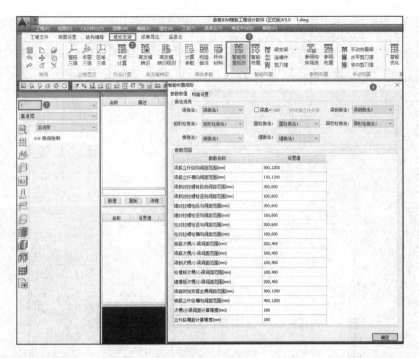

图 2 - 50　智能布置规则

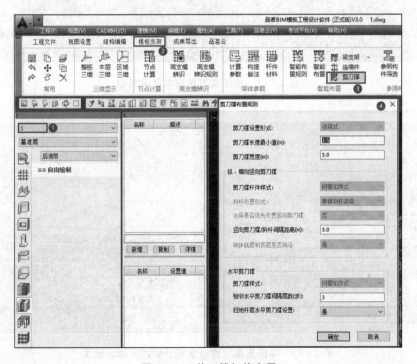

图 2 - 51　剪刀撑智能布置

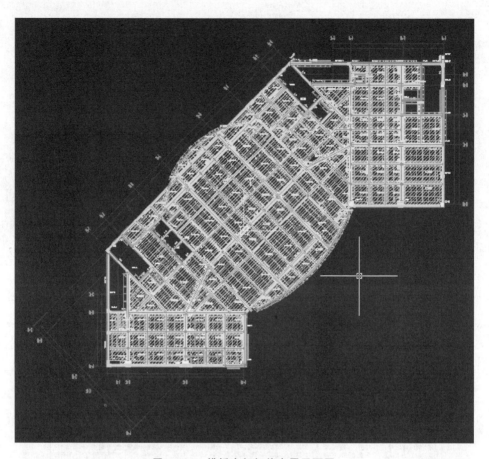

图 2-52　模板支架智能布置平面图

图 2-53　模板支架智能布置部分模型三维示意图

2.5.2　模板支架手动布置

品茗模板工程设计软件不仅可以对模板支架进行智能布置,还可以响应用户输入的模板支架布置参数,实现更贴切现场、满足个性需求的设计和手动布置。手动布置更适合技术高深、经验丰富的用户。与智能布置模板支架相同,手动布置也要设置好模板支架计算和布置的相关参数,如设计计算依据、设计风载、构造参数、安全计算参数等,这里就不再重复。

手动布置模板支架的一般顺序是:选择功能→选择对象→输入参数→布置成果。具体操作步骤如下:

① 选定要操作的标准层,这里从实验楼第 2 层开始。单击"模板支架"下的"手动布置"模块(见图 2-54),出现"手动布置梁"下拉菜单,可以对应地手动配模(见图 2-55)。

图 2-54　手动布置

② "手动布置梁立杆"是根据前面选择的梁相关布置参数,按照图纸及构造规范要求,进行单构件立杆布置,并在图中绘制立杆、水平杆等。单击"手动布置梁立杆"(见图 2-56),根据提示选择要布置的梁,也可通过框选形式批量布置,右键确认,最后将相关参数输入后确认完成。

③ "手动布置梁侧模板"是对梁进行侧模布置,并在图中绘制侧模。单击"手动布置梁侧模板",根据提示选择要布置的梁;也可通过框选形式批量布置,右键确认,最后将相关参数输入后确认完成(见图 2-57)。特别说

图 2-55　手动配模功能

明,这里的梁侧模板支撑形式有对拉螺栓和固定支撑两种,可根据工程需要进行选择,同时要调整支撑和梁底的位置关系。

④ "手动布置板立杆"是对板进行立杆布置,并在图中绘制立杆、水平杆等。单击"手动布置板立杆"(见图 2-58),点选或者框选要布置的板,右键确认,最后将相关参数输入后确认完成。

⑤ "手动布置柱模板"是对柱进行模板布置,并在图中绘制柱模板(见图 2-59)。"手动布置墙模板"是对墙进行模板布置,并在图中绘制墙模板(见图 2-60)。

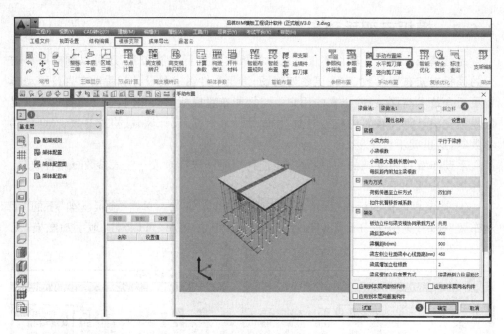

图 2-56　梁立杆手动布置

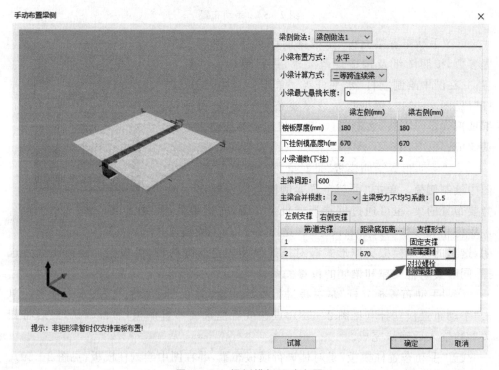

图 2-57　梁侧模板手动布置

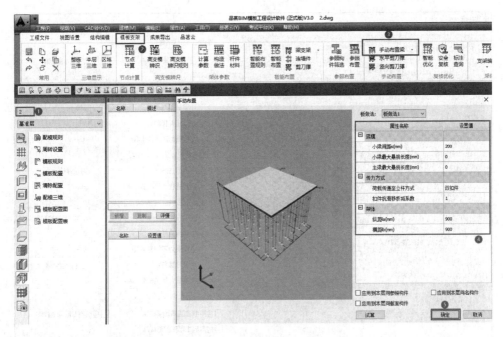

图 2-58　板立杆手动布置

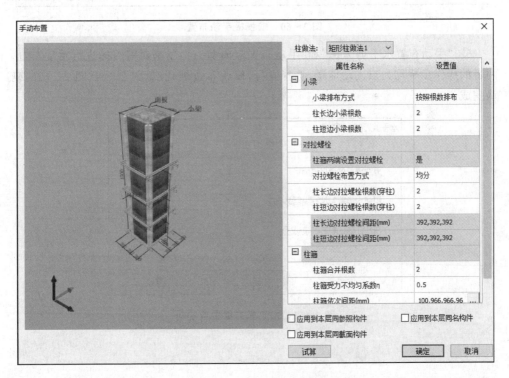

图 2-59　柱模板手动布置

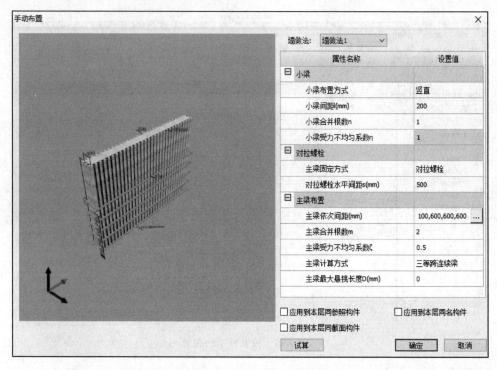

图 2-60　墙模板手动布置

⑥ "手动布置水平剪刀撑"和"手动布置竖向剪刀撑",是对剪刀撑进行手动布置,两者的操作步骤均为点击动能键,选择立杆,修改布置规则(见图 2-61、图 2-62),确认完成。

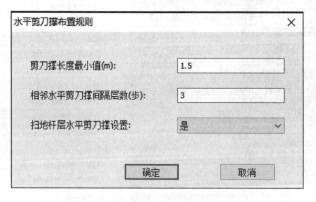

图 2-61　水平剪刀撑布置规则

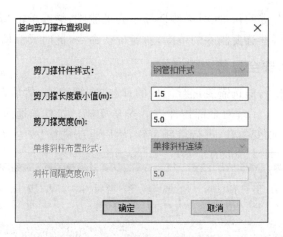

图 2-62　竖向剪刀撑布置规则

2.5.3　模板支架编辑与搭设优化

完成模板支架布置后,需对模板支架平面布置进行调整和优化。

1. 模板支架编辑

单击"模板支架编辑",在"模板支架编辑"对话框中,可单击各项分别对模板支架进行手动编辑和修改(见图 2-63 中的❸处);也可以单击"支架编辑"、"立杆关联横杆"、"解除关联"、"立杆编辑"、"水平杆偏向"和"水平杆加密"等对模板支架进行手动调整编辑(见图 2-63 中的❹处)。

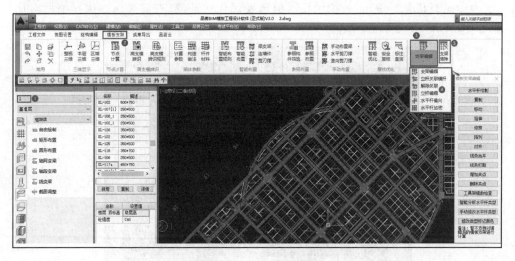

图 2-63　模板支架编辑

单击"支架清除"(见图 2-63 中的❺处),选择要删除的构件(如水平杆),框选包含该构件的部分,右键确认,此时梁侧模板不会被删除;继续单击"支架清除",选择包含梁侧模板的梁,再框选要删除的范围,右键确认命令,此时梁侧模板就会被删除。

2. 模板设计安全复核

单击"安全复核",框选需要进行复核的部位,右键确认,然后选择要复核的构件类型(见图2-64),本工程对全部构件进行安全复核。如有未通过安全复核的构件,可通过"手动布置"改变参数,进行重新布置,然后重新进行"安全复核",直至通过。

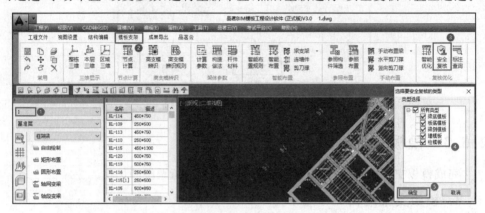

图 2-64 安全复核

3. 优化梁板立杆搭接关系

查看布置后结果,发现梁、板搭接处水平杆多处未拉通布置,可以通过"智能优化"命令进行优化。单击"智能优化",框选要优化的部位,右键确认。优化前后对比图如图2-65、图2-66所示。

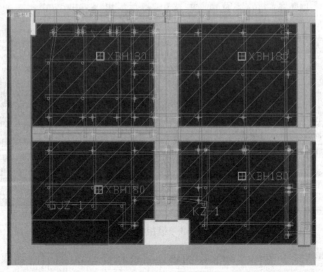

图 2-65 优化前

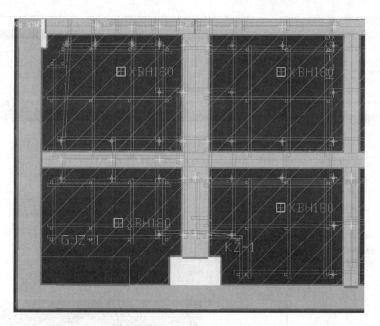

图 2 - 66　优化后

2.6　模板面板配置设计

品茗模板工程设计软件支持木模板的散拼配模方式,对于一般工程的处理,模板配置的一般顺序是:建立模型→完成模板支架布置→确定配模规则→进行模板配置→导出配置结果。具体介绍如下。

2.6.1　模板面板配模参数设置与配置规则修改

1. 配模参数设置

(1) 标准板尺寸和梁下模板分割方式

单击左侧工具栏中的"配模",可以对配模规则进行设置(见图 2 - 67)。双击"模板成品规格"一栏中"设置值"处,模板面板参数设置可对标准板尺寸进行修改。梁下模板分割方式有三种,其中横向分割如图 2 - 68 所示,竖向分割如图 2 - 69 所示,凹形分割如图 2 - 70 所示。

模板面板配置设计

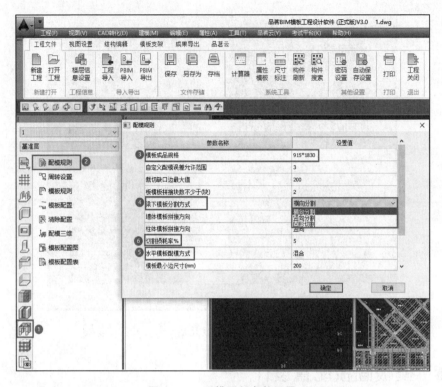

图 2 - 67 配模配架参数设置

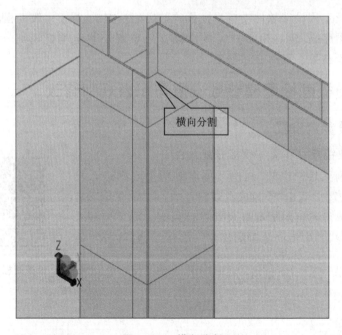

图 2 - 68 横向分割

图 2-69　竖向分割

图 2-70　凹形分割

(2) 水平模板配模方式

"配模配架"中水平模板配模方式(见图 2-71)有两种,其中单向配模方式如图 2-72 所示,纵横向混合配模方式如图 2-73 所示。

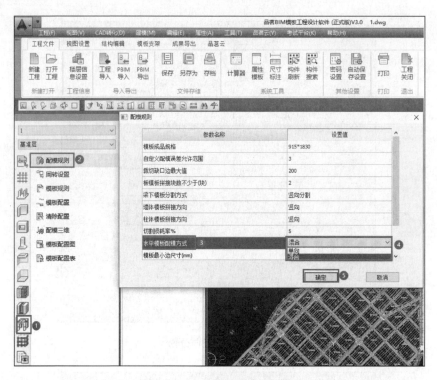

图 2-71　水平模板配模方式

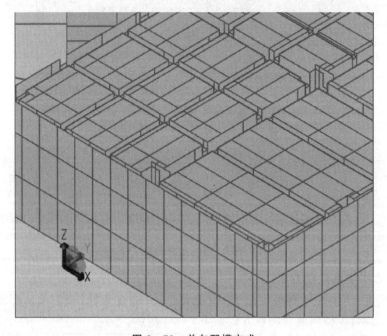

图 2-72　单向配模方式

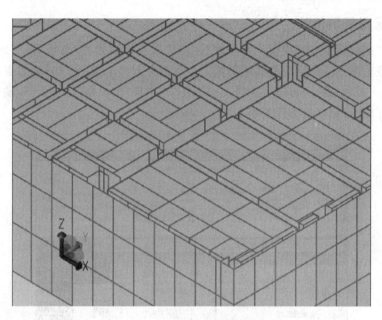

图 2 - 73　纵横向混合配模方式

（3）切割损耗率

"配模配架"中"切割损耗率"（见图 2 - 67 中的❻处）为非标准板切割的损耗,在总量计算中会自动考虑损耗系数（见图 2 - 74 中的❸处）。

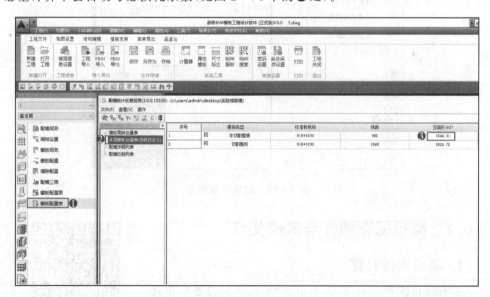

图 2 - 74　总量计算

2. 配置规则修改

单击"配模配架"中"模板规则修改",出现"模板规则修改"选项框,可通过"自由选择"来点选或者框选需要修改的部位。为了避免选择干扰,也可以通过点选相应构件(见图 2-75 中❸处)再进行选择。选择完毕,出现"模板修改"对话框,输入相应数值,确认完成,梁侧模板下探效果如图 2-76 所示。

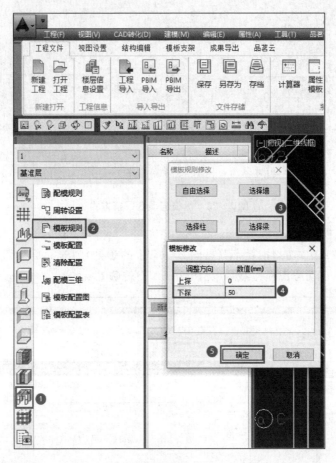

图 2-75 配置规则修改

2.6.2 模板配置操作与成果生成

1. 模板周转设置

进行模板配置操作前,先要单击"模板周转设置",出现如图 2-77 所示的对话框,对每种构件分别设置模板配置方式。配置方式有"配置"和"周转"两种。"配置"方式是指按照本部位模板工程量进行实际配置计算,"周转"方式是

模板配置操作
与成果生成

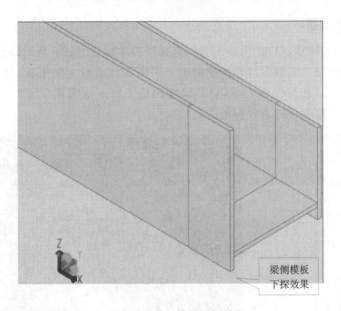

图 2 - 76　梁侧模板下探效果

指本部位模板是别的楼层周转过来的,实际工程量＝本部位所需模板量×周转损耗率。

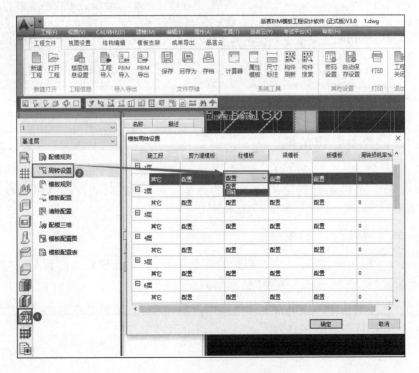

图 2 - 77　模板周转设置

2. 模板配置

如图 2-78 所示,单击"模板配置",选择模板的配置方式。既可以仅对本层进行模板配置,也可以在配置设置相同的前提下对整栋楼进行模板配置;既可以通过"自由选择"选择局部进行模板配置,也可以按照施工段进行模板配置。对于实验楼项目,这里可以对整栋楼进行模板配置。

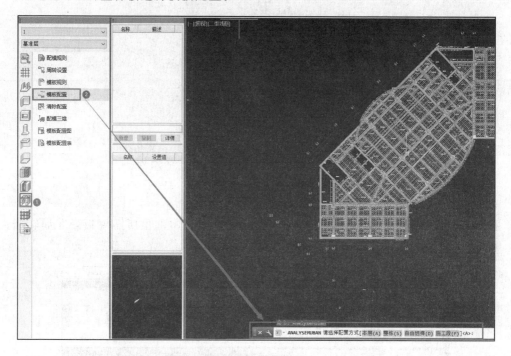

图 2-78　模板配置

3. 三维查看配模结果

如图 2-79 所示,单击"配模三维",出现"查看配模图"对话框,并同时显示整层的配模三维图;也可通过勾选构件左侧的方框,来单独查看相应构件的配模图(见图 2-80)。

4. 手工修改配模结果

在三维配模图中,双击需手工调整的配模单元,进入配模修改界面——"自定义模板"对话框(见图 2-81)。单击"绘制切割线"对模板内部分割进行修改,并"执行切割";单击"绘制轮廓线",修改配模单元的外部轮廓线;如对修改后的结果不满意,可单击"恢复默认",最后确认完成。

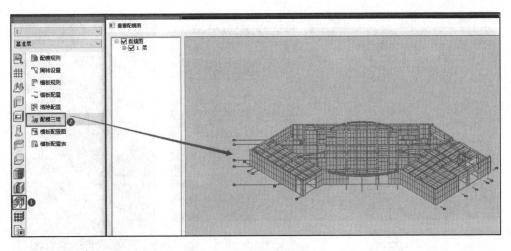

图 2-79　配模三维图展示

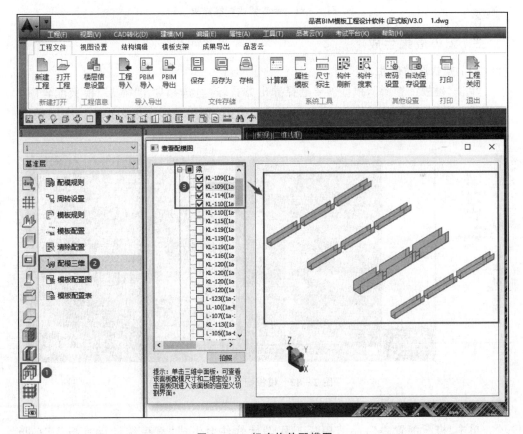

图 2-80　相应构件配模图

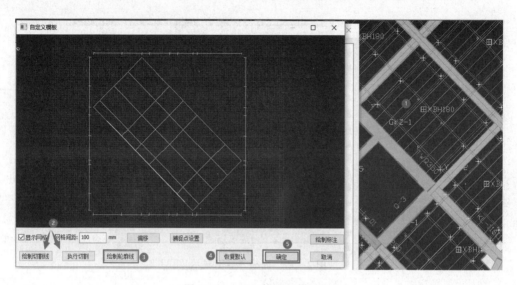

图 2 - 81　手工修改配模结果

5. 配模成果生成

(1) 模板配置图生成

单击"模板配置图",根据需要选择导出方式,这里选择导出"本层"模板配置图,导出结果如图 2 - 82 所示。左侧显示模板配置图,右侧显示模板配置表。本层模板配置图可以保存为 dwg 格式以便工程使用。

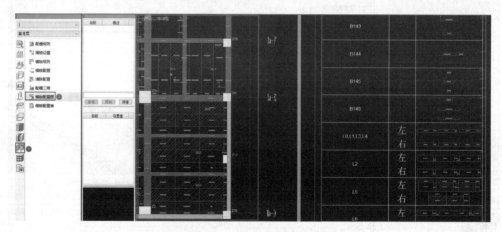

图 2 - 82　模板配置图生成

(2) 模板配置表生成

单击"模板配置表",品茗模板工程设计软件会生成"配模统计反查报表"(见图 2 - 83),包括 4 个部分:"模板周转总量表"、"本层模板总量表(损耗自定义)"、"配模详细列表"和"配模切割列表"。"模板周转总量表"可以统计出各种构件的周转总量,但需要先将统计层进行模板配置;"本层模板总量表"仅统计含自定义切割损耗量的本层模板总量;"配模切割列表"(见图 2 - 84)对切割损耗率作出了统计。

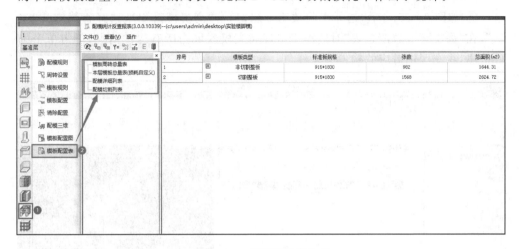

图 2 - 83　模板配置表生成

图 2 - 84　配模切割列表

2.7　模板方案制作与成果输出

品茗模板工程设计软件不仅具备生成方案、生成计算书等传统计算软件的功能,还具有自动生成平面图、剖面图、大样图以及材料统计等设计成果智能输出功能。这些功能能够帮助用户极大地提升工作效率、缩短模板工程方案设计时间和降低成本。

2.7.1　高支模辨识与调整

高大支模架工程由于其危险性较高、技术难度较大等原因,按相关规定需要编制专项的施工技术方案并组织论证后实施。所以高大支模架工程专项方案设计是技术方案设计的一个重点、难点。品茗模板工程设计软件除常规的分析设计功能外,针对高大支模架工程还具有辨识高支模、计算、导出搭设参数等功能。

① 要找到高支模区域,单击"图纸方案"中"高支模辨识",按需要选择查找方式,

这里选择"整栋",发现除了楼梯处外(因模型中开洞处理,可忽略),在实验楼 2 层发现高支模区域。

② 如图 2-85 所示,选择实验楼第 2 层,单击"高支模辨识",选择查找方式"本层",在"高支模区域汇总表"对话框里出现高支模区域内所有构件信息,单击单个构件信息,视图区中对应的构件会显红色。

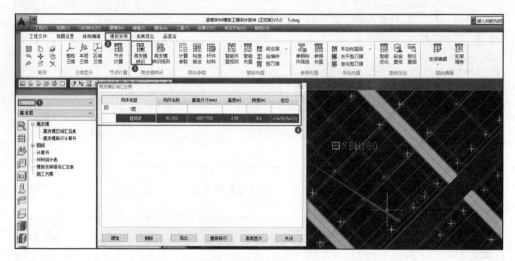

图 2-85　高支模辨识

③ 对照 2.2 节中图 2-18 高支模辨识规则,发现辨识标准第一条:模板支架搭设高度限值为 8 m,2 层这块区域在 1 层中开洞,所以支架搭设高度为 8.2 m,超出标准。

④ 在模板支架整体布置后,对高支模区域进行调整。打开"工程设置"中"工程特征"(见图 2-11),根据工程需要修改梁底、板底立杆纵横向间距,这里最大值均改为 900。然后对高支模区域的梁、板的模板支架重新进行智能布置,最后进行智能优化。高支模区域的方案制作和成果输出同普通模板处,将在下面进行介绍。

2.7.2　计算书生成与方案输出

品茗模板工程设计软件可根据结构模型和布置参数自动生成指定构件的模板支架计算书以及施工方案。计算书和方案的输出可自动读取参数,无需人工干预,且可保存为 doc 格式,以便后续的打印和修改。

1. 计算书生成

如图 2-86 所示,单击"计算书",按照提示选择构件,这里以梁为例,在视图区单击所选构件。此时会生成两份计算书,如图 2-87 所示,一份梁模板,一份梁侧模板;单击"合并计算书",可将两份计算书合并,并在 Word 中打开;单击图 2-87 中的❸处,可将当前计算书在 Word 中打开;计算书包括计算依据、计算参数、图例、计算过程、评定结论,如果评定结论不合格,还会提供建议和措施。

图 2 - 86　计算书生成

图 2 - 87　计算书展示

2. 方案输出

单击"方案书",按照提示选择导出方式,"本层"和"整栋"两种导出方式会自动筛选最不利梁、板等构件,生成 3 份计算书:一份梁模板、一份梁侧模板、一份板模板。这里选用"区域"导出方式,选择一块板做计算。单击板构件,出现方案样式对话框(见图 2-88),生成包含计算书的施工方案。

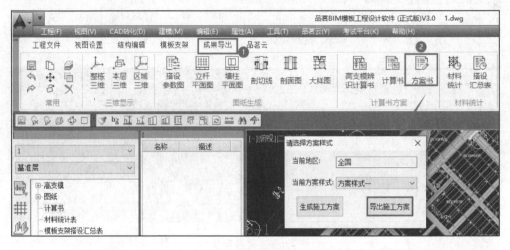

图 2-88　方案生成

2.7.3　施工图生成

品茗模板工程设计软件利用 BIM 可出图的技术特点实现快速输出专业施工图。可生成的施工图包括:模板搭设参数平面图、立杆平面图、墙柱模板平面图、剖面图、模板大样图等,且图纸内可自动绘制尺寸标注、图框等信息,并默认保存为 dwg 格式以便后续应用。

施工图生成操作步骤如下:

① 模板搭设参数平面图主要包括梁和板的立杆纵横距、水平杆步距、小梁根数、对拉螺栓水平间距、垂直间距等布置内容;墙柱模板平面图主要介绍墙和柱竖向模板的布置情况。

② 单击"立杆平面图",选择导出方式"本层",生成立杆平面图(见图 2-89)。

高支模辨识与调整

施工图生成

③ 要生成剖面图,需先绘制剖切线。单击"绘制剖切线",根据提示,选择起点、终点和方向,完成绘制。单击"剖面图",选择导出方式"本层",然后选择绘制好的剖

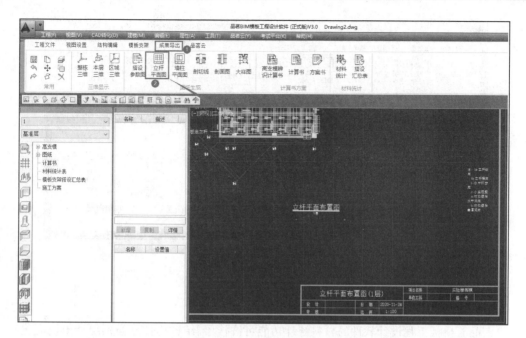

图 2 - 89　立杆平面图生成

切线,输入剖切深度。剖切深度是指剖切线位置向剖切方向可投影到剖面图的深度尺寸;剖切深度越大,绘制的内容也越多,生成较好效果的剖面图与剖切深度有密切的关系(见图 2 - 90)。

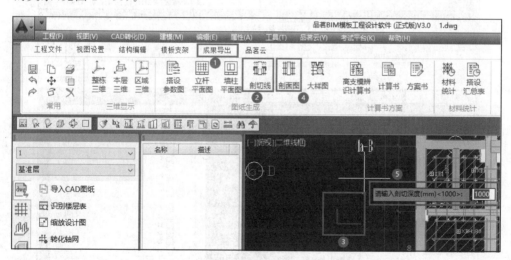

图 2 - 90　剖面图生成

④ 单击"大样图",点选要生成大样图的构件(可批量生成),输入剖切深度,这里选默认值,确认完成(见图 2 - 91)。

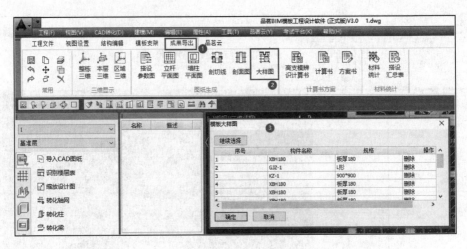

图 2-91　模板大样图生成

2.7.4　材料统计输出与模板支架搭设汇总

品茗模板工程设计软件的材料统计功能可按楼层、结构构件分类别统计出混凝土模板、钢管、方木、扣件等用量,支持自动生成统计表,可导出 Excel 格式以便实际应用。单击"材料统计",选择楼层(见图 2-92),生成"材料统计反查报表"(见图 2-93),材料表可精确到构件,单击表中构件可进行定位。

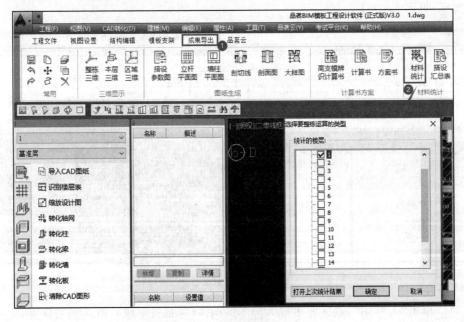

图 2-92　材料统计表生成

"模板支架搭设汇总表"操作与"材料统计反查报表"类似,就不再介绍了。

序号	构件信息	单位	工程量
1	⊟ 砼里		
1.1	⊟ 砼强度[C25]	m3	514.919
1.1.1	⊟ 暗柱	m3	46.206
1.1.1.1	⊞ 1层	m3	46.206
1.1.2	⊞ 砼柱	m3	133.039
1.1.3	⊞ 砼外墙	m3	327.329
1.1.4	⊞ 连梁	m3	8.345
1.2	⊞ 砼强度[C40]	m3	291.854
2	⊞ 模板		
3	⊞ 立杆		
4	⊞ 横杆		
5	⊞ 主梁		
6	⊞ 小梁		
7	⊞ 对拉螺栓		
8	⊞ 固定支撑		
9	⊞ 底座/垫板		
10	⊞ 扣件		

图 2-93　材料统计表展示

2.7.5　三维成果展示

品茗模板工程设计软件的三维显示功能可实现照片级模型渲染效果,支持整栋、整层任意剖切三维显示,有助于技术交底和细节呈现,支持任意视角的高清图片输出,可用于编制投标文件、技术交底文件等。

如图 2-94 所示,❷处"三维显示"模块分为"整栋三维"、"本层三维"和"区域三维"。单击"本层三维",可以看到"选择要本层显示的类型"对话框,勾选要显示的构件即可(见图 2-94)。为了不占用较多的计算机资源,模板支架中的扣件一般默认不勾选(见图 2-95)。

材料统计输出与模板支架

搭设汇总及三维成果展示

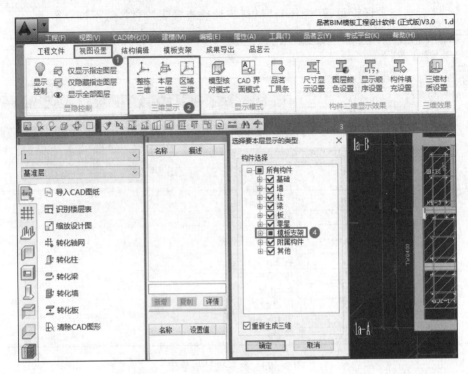

图 2-94　三维显示

图 2-95　模板支架选项

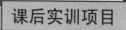

课后实训项目

模拟角色:施工承包单位项目部技术员。

项目任务:以某学生宿舍楼为例,配置该工程的模板方案,并导出相关成果。

项目成果内容:某宿舍楼模板工程的施工图,包括模板搭设参数平面图、立杆平面图、墙柱模板平面图、剖面图、模板大样图等,并导出指定构件的计算书。

第 **3** 章

BIM 脚手架工程软件应用

本章导读

　　本章我们将基于某实际工程——16层实验楼项目,依托品茗 BIM 脚手架工程软件(V2.1 版本),进行 BIM 脚手架设计教学。

　　3.1节:软件概述

　　介绍 BIM 脚手架工程设计,相关知识点,涉及功能组成、工作流程、运行环境、操作界面、功能主菜单模块。

　　3.2节:工程信息设置

　　建立钱江楼项目工程,设置工程信息、工程特征、杆件材料、楼层管理、标高设置、安全参数、危险源辨识规则等。

　　3.3节:CAD 转化

　　识别、楼层表、转化轴网、转化柱、转化梁、转化板、清楚 CAD 图形。

　　3.4节:智能搭设脚手架

　　识别建筑外轮廓线、智能生成脚手架轮廓线、智能生成脚手架、智能布置连墙件、智能布置维护栏杆、智能布置剪刀撑、安全复核。

　　3.5节:图纸方案

　　生成平面图、剖面图、节点大样图、立面图,生成计算书、方案书、危险源识别、材料统计反查报表、脚手架搭设汇总表。

学习目标

能力目标	知识要点
了解本课程的内容、特点及学习方法	项目脚手架设计的内容、学习方法
掌握工程信息设置	工程信息、工程特征、杆件材料、楼层管理、标高设置、安全参数、危险源辨识规则
掌握 CAD 转化	识别、楼层表、转化轴网、转化柱、转化梁、转化板、清楚 CAD 图形
掌握智能搭设脚手架	识别建筑外轮廓线、智能生成脚手架轮廓线、智能生成脚手架、智能布置连墙件、智能布置维护栏杆、智能布置剪刀撑、安全复核
图纸方案	生成平面图、生成剖面图、节点大样图、立面图、生成计算书、生成方案书、危险源识别、材料统计反查报表、脚手架搭设汇总表
熟练完成 BIM 技能等级考试练习	轴网的绘制方式、族类型属性修改等

3.1　软件概述

　　本章以品茗公司研发的 BIM 脚手架工程设计软件为运行背景,该软件是一款可以通过 BIM 技术应用解决建筑外脚手架工程设计的软件。该软件通过对拟建工程信息、特征、材料、楼层、标高、参数的手动输入,或通过已有工程结构 CAD 图导入,自动识别建筑物外轮廓线,对整栋建筑进行分析,软件内置智能计算核心、智能布置核心,对工程进行智能分段、智能计算、智能排布,完成结构转化,分析布置出符合现行规范要求的最优脚手架设计,生成既满足安全计算又满足施工现场所需的脚手架专项方案、施工图等技术文件,以及现场所需各类材料的统计报表。

　　BIM 脚手架工程软件创新研发“三线”布置脚手架技术,实现一键生成落地脚手架、悬挑脚手架、悬挑架工字钢,并且可生成脚手架成本估算、脚手架方案论证、方案编制等,是岗位级落地的脚手架设计软件。

1. 功能组成

软件功能的组成如图 3-1 所示。

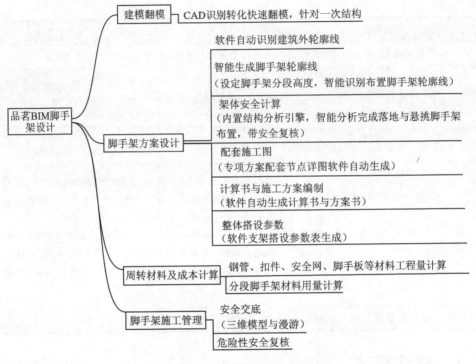

图 3-1 软件功能组成图

2. 工作流程

图 3-2 所示为软件工作流程。

3. 运行环境

品茗脚手架工程设计软件是基于 AutoCAD 平台开发的 3D 可视化脚手架设计软件。安装本软件之前,请确保您的计算机已经安装 AutoCAD。为达到最佳显示效果,建议安装 AutoCAD 2008 32 bit、AutoCAD 2014 32 bit/64 bit,目前对 PC 的硬件环境无特殊性能要求,建议 2 GB 以上内存,并配有独立显卡。

4. 操作界面

成功运行软件进入 AutoCAD 平台,品茗 BIM 脚手架工程设计软件在 Auto-CAD 平台接口左侧自动加载"BIM 脚手架工程"功能区和属性区。品茗 BIM 脚手架工程设计软件的界面如图 3-3 所示。

5. 功能主菜单

AutoCAD 平台左侧自动加载品茗 BIM 脚手架工程设计软件功能主菜单(见

图 3-4),包含各项功能目录和菜单。

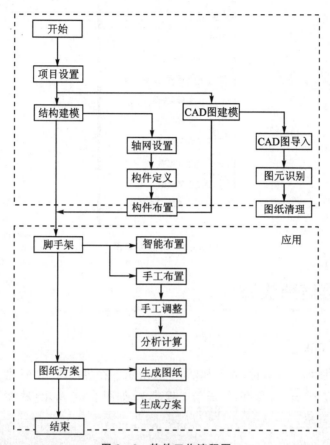

图 3-2　软件工作流程图

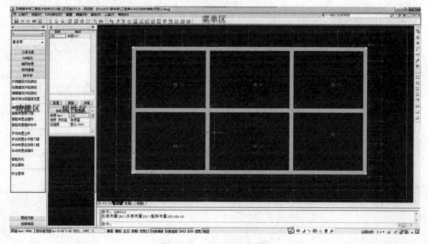

图 3-3　软件界面图

图 3-4 功能菜单图

3.2 工程信息设置

1. 新建工程

双击桌面图标打开软件,界面如图 3-5 所示。在界面单击"新建工程",键入工程名,并以工程名.pmjsj 保存,完成新工程建立,如图 3-6 所示(软件同时自动创建

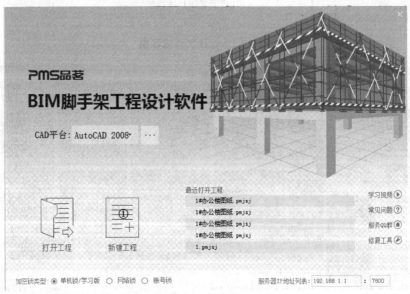

图 3-5 软件界面图

同名文件夹,以下操作所产生文件均保存在此文件夹内)。如已存在拟建工程,则直接单击"打开工程"找出对应工程即可。

手工建模流程

图 3-6　新建工程文件

2. 工程信息

工程设置即将工程信息、工程特征、杆件材料、楼层管理、标高设置、施工安全参数等基本工程信息进行填写。有两种填写方法:

一是通过下拉菜单→"工程"→"工程设置",如图 3-7 所示,将本工程基本概况输入表中。

二是通过功能菜单→"工程设置"→"工程信息",将本工程基本概况输入表中,如图 3-8 所示。

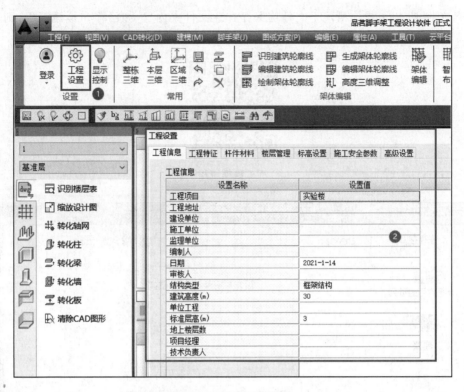

图 3 - 7　设置工程信息

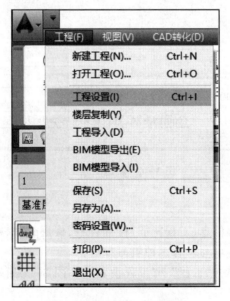

图 3 - 8　打开"工程设置"

3. 工程特征

认真研究本工程所需要采用的脚手架结构形式、本工程所处地区、脚手架构造规范规定,将工程特征值、地区选择、构造要求填写到工程特征对话框中,设计出符合规范要求的脚手架搭设体系、构造要求,如图 3－9 所示。

图 3－9　填写工程特征

4. 杆件材料

通过分析工程情况,选择杆件材料,即选择钢管材料及型钢材料的型号、规格、尺寸、重量,如图 3－10 所示。

5. 楼层管理

楼层管理指依据结构图纸将工程单栋楼体的楼层、层高、标高,以及梁板、柱墙混凝土强度信息汇总,如图 3－11 所示。如添加楼层各参数相同,则单击复制楼层即可,楼地面标高软件自动累加,根据设计图纸,输入室外设计地平标高及自然设计地平标高,设置完毕单击“确定”按钮。(注:楼层管理表格也可暂不填写,在 CAD 转化中识别楼层表,自动生成楼层表后再根据工程情况进行编辑即可。)

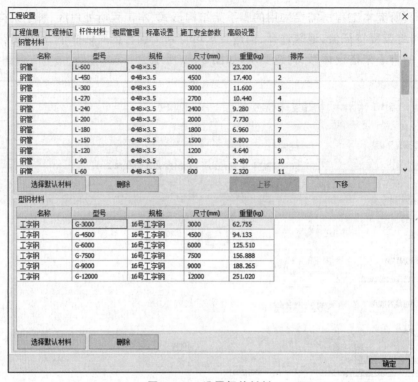

图 3 - 10　设置杆件材料

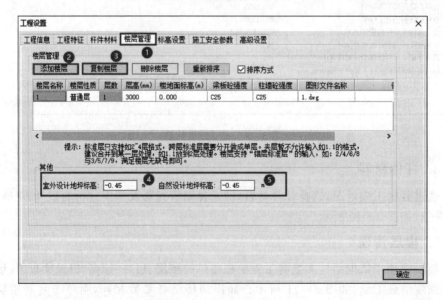

图 3 - 11　楼层管理设置

6. 标高设置

标高设置是指,选择标注模式是楼层标高还是工程标高,如图 3 - 12 所示。

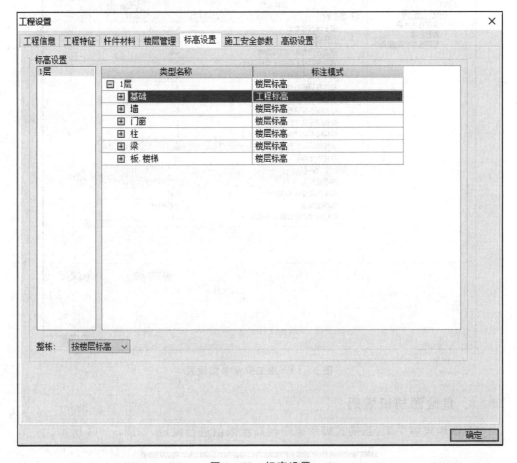

图 3 - 12　标高设置

7. 施工安全参数

施工安全参数指按照规范要求并结合施工现场工况设置脚手架搭设形式、材料、荷载等参数,如图 3 - 13 所示。

工程信息设置

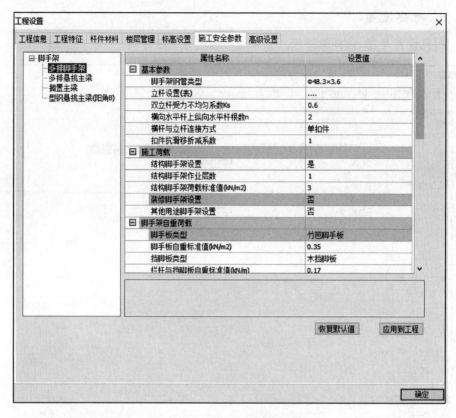

图 3-13　施工安全参数设置

8. 危险源辨识规则

对落地式脚手架、悬挑式脚手架搭设高度限值进行设定，如图 3-14 所示。

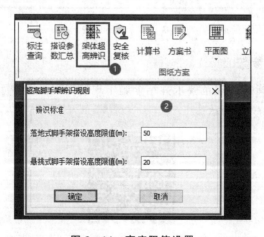

图 3-14　高度限值设置

3.3　CAD 转化

1. 识　别

通过 CAD 转化下拉菜单或 CAD 转化快捷键,调入有楼层表的 CAD 文件或在 AutoCAD 中将楼层表复制至本软件中,如图 3－15 所示。

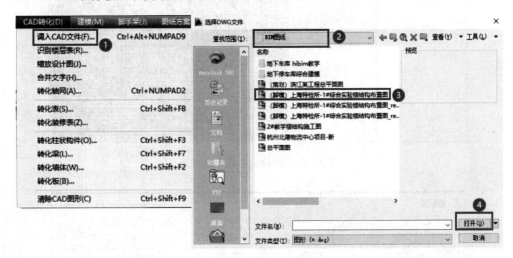

图 3－15　调入 CAD 文件

2. 楼层表

将结构楼层表置于当前绘图区,添加屋面层、顶层楼梯层,并填写层高、楼地面标高,检查各数据,正确后,单击功能菜单"CAD 转化"→"识别楼层",按住左键框选如图 3－16 所示的整个楼层表,显示如图 3－17 所示。检查无误后单击"确定"按钮,如图 3－18 所示。

3. 转化轴网

转化轴网的步骤如下:

① 选定要操作的标准层,这里从实验楼第 1 层开始。

② 单击功能菜单或 CAD 转化下拉菜单中的"转化轴网",出现"识别轴网"对话框。"提取"轴符层,在视图区选中轴号、轴距,标注所在图层;"提取"轴线层,在视图区选中轴线层。选中后如有遗漏,可再次提取,直到相应图层完全不见。

③ 单击"转化"按钮,完成模型的轴网建立,并可应用到其他楼层,如图 3－19 所示。

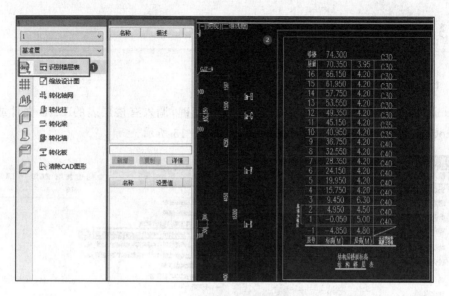

图 3 - 16　左键框选整个楼层表

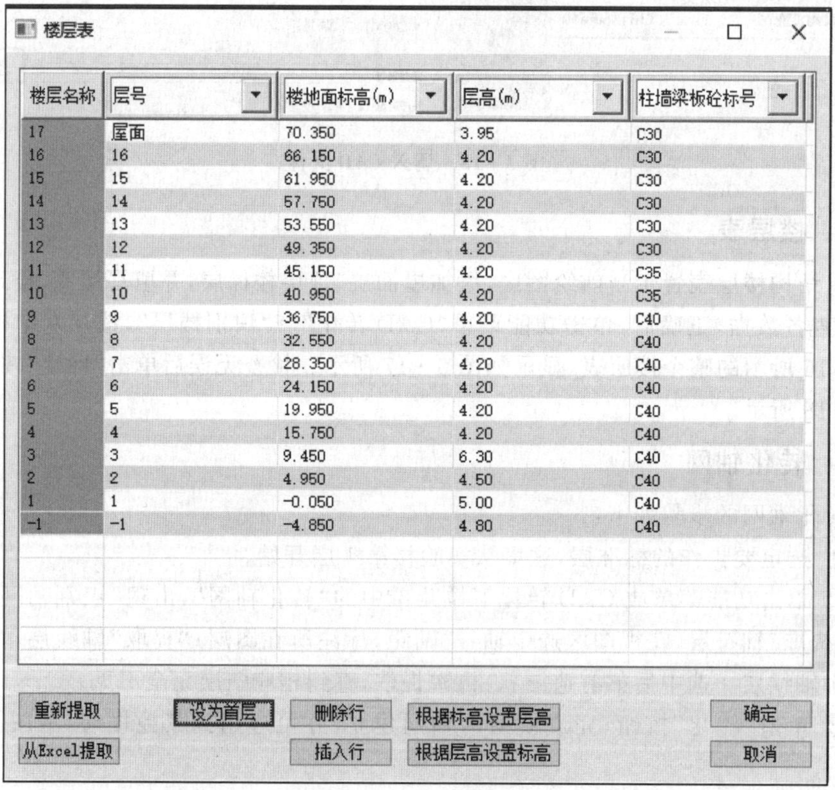

楼层表

楼层名称	层号	楼地面标高(m)	层高(m)	柱墙梁板砼标号
17	屋面	70.350	3.95	C30
16	16	66.150	4.20	C30
15	15	61.950	4.20	C30
14	14	57.750	4.20	C30
13	13	53.550	4.20	C30
12	12	49.350	4.20	C30
11	11	45.150	4.20	C35
10	10	40.950	4.20	C35
9	9	36.750	4.20	C40
8	8	32.550	4.20	C40
7	7	28.350	4.20	C40
6	6	24.150	4.20	C40
5	5	19.950	4.20	C40
4	4	15.750	4.20	C40
3	3	9.450	6.30	C40
2	2	4.950	4.50	C40
1	1	-0.050	5.00	C40
-1	-1	-4.850	4.80	C40

重新提取　从Excel提取　设为首层　删除行　插入行　根据标高设置层高　根据层高设置标高　确定　取消

图 3 - 17　选定楼层表

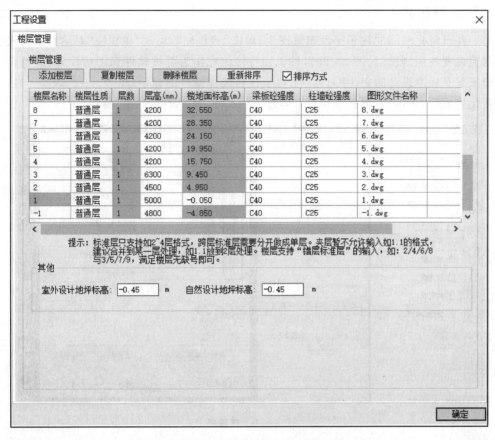

图 3-18　整个楼层表显示

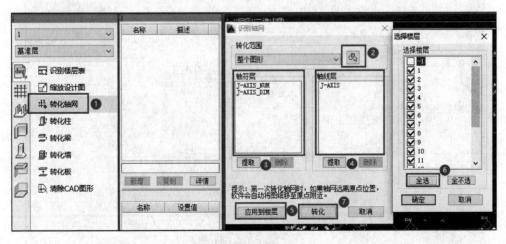

图 3-19　轴网转化

4. 转化柱

在已转化轴网的柱子平面布置图上,单击"转化柱",出现"识别柱"对话框。转化前需设置柱识别符(见图 3 - 20),柱识别符转化柱作为可被软件识别的代号,应符合国家建筑标准设计图集 16G101 - 1 对于柱和墙柱编号的规定(见表 2 - 2、表 2 - 3)。转化完成后,单击"本层三维预览",本层三维显示(柱)如图 3 - 21 所示。

图 3 - 20　柱转化

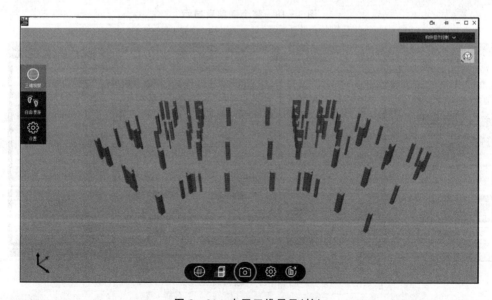

图 3 - 21　本层三维显示(柱)

5．转化墙

实验楼采用钢筋混凝土框架剪力墙结构的形式。下面介绍转化墙。

① 剪力墙和柱一般都在同一张结构图纸上。

② 单击"转化墙"，出现"识别墙及门洞口"对话框。单击"墙转化设置"中的"添加"，来识别图纸中墙边线信息。首先，在图 3-22 中的❹处将软件提供的墙厚信息全部再次检查一遍，看图纸中是否有其他墙厚尺寸，如有遗漏，可输入添加或者从图中量取；在❺处提取墙的边线层，观察图纸直至边线层全部提取。

③ 右键点出对话框，如图 3-23 所示，提取"墙名称标注层"，观察图纸直至墙名称全部提取。完成转化，并通过三维效果进行检查。

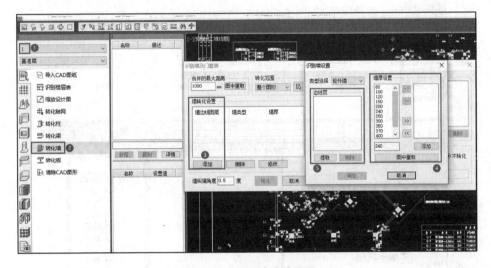

图 3-22　提取墙边线图层

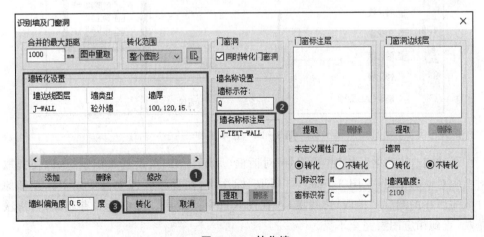

图 3-23　转化墙

6. 转化梁

品茗脚手架工程设计软件对梁的智能识别是基于梁平法施工图制图规则的,在第 2 章模板部分已经详细讲过,见表 2-4,在此不一一详述。

具体操作步骤如下:

① 从实验楼第 1 层开始,创建该层顶部的梁,需将"3.900 标高梁平法施工图"带基点复制至软件。

② 如图 3-24 所示,为方便捕捉轴线交点,可通过"构件显示"中"显示控制"关闭柱层。

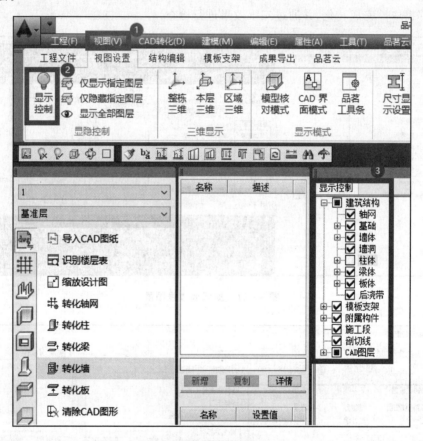

图 3-24 显示控制

③ 单击"转化梁",出现"梁识别"对话框(见图 3-25),设置梁识别符,以便提取图纸中对应的信息(见图 3-26)。"提取"标注层,在视图区选中包括集中标注和原位标注所在的图层;"提取"边线层,在视图区选中梁线层。选中后如有遗漏,可再次提取,直到相应图层完全不见。

④ 单击"转化",完成模型的 1 层顶梁转化。恢复柱层显示,通过"本层三维显

示"检查模型（见图 3 - 27）。

CAD 建模——柱转化

CAD 建模——梁板转化

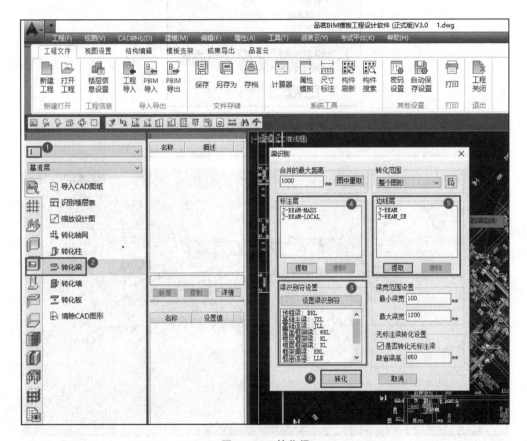

图 3 - 25　转化梁

7．转化板

　　"清除 CAD 图形"后，从实验楼第 1 层开始，创建顶层的板，需将"3.900 标高板配筋图"带基点复制至软件（操作同转化梁）。转化具体操作如图 3 - 28 所示。

　　① 单击"转化板"，出现"识别板"对话框，"提取"标注层，在视图区选中板相关信息，如板厚、板标高等。选中后如有遗漏，可再次提取，直到相应图层完全不见。

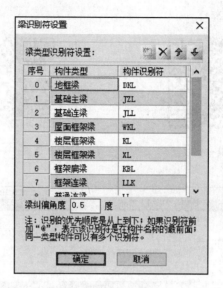

图 3 - 26　梁识别符设置

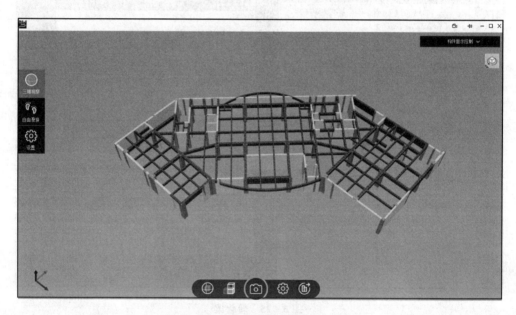

图 3 - 27　本层三维显示(梁、柱、墙)2

②　查看图纸说明中未注明的板厚信息,填入"缺省板厚"中,完全转化。

③　根据图对模型进行调整,删除开孔处的转化板。

④　通过"本层三维显示"检查模型(见图 3 - 29)。

清除 CAD 图形后,同理转化以上各层结构构件,如果以上各层与本层相同,则可以通过复制命令复制至对应各层,如图 3 - 30 所示。

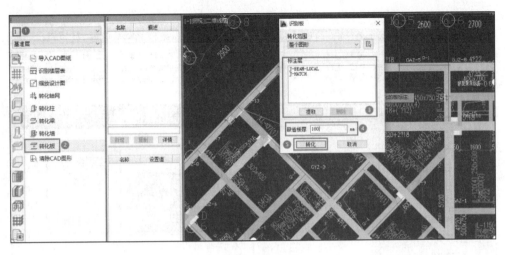

图 3 - 28 转化板

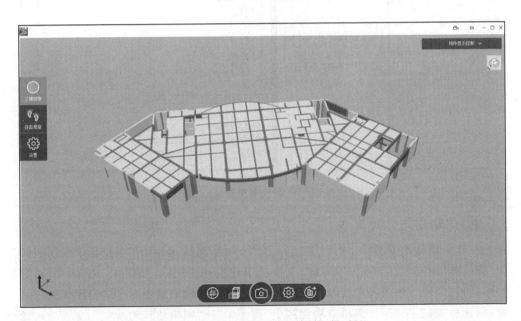

图 3 - 29 本层三维显示(墙、柱、梁、板)

3.4 智能搭设脚手架

在已建好的模型中,通过"识别建筑外轮廓线"→"智能布置脚手架"→"智能布置剪刀撑"→"智能布置连墙件"→"智能布置围护杆件"功能按钮,实现脚手架的智能优化布置。

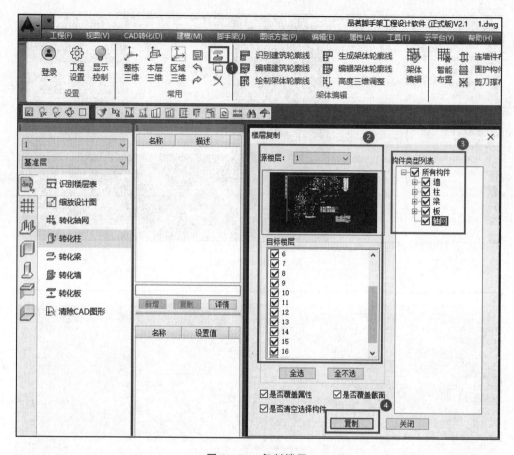

图 3 - 30 复制楼层

1. 识别建筑外轮廓线

在建好模型的视图中,将当前图层改为第 1 层,选择"脚手架"下拉菜单或功能区中"脚手架"→"识别建筑外轮廓线",生成红色建筑外轮廓线,如图 3 - 31 所示;根据当前属性区显示,修改各层板厚、混凝土强度、顶标高;如果需要对建筑轮廓线进行编辑,则选择"脚手架"下拉菜单或功能区中"脚手架"→"编辑建筑轮廓线",如图 3 - 32 所示。注意"增加夹点"→"删除夹点"一定要选中夹点圆心位置。

2. 智能生成脚手架轮廓线

选择脚手架下拉菜单或功能区"脚手架"→"生成架体轮廓线",出现"脚手架分段高度设置",可在其中进行修改,修改好后单击"确定"按钮生成图 3 - 33;选择脚手架下拉菜单或功能区"脚手架"→"架体编辑",出现"架体编辑"对话框,可以用其中各种命令对架体按设计进行调整,如图 3 - 34 所示。

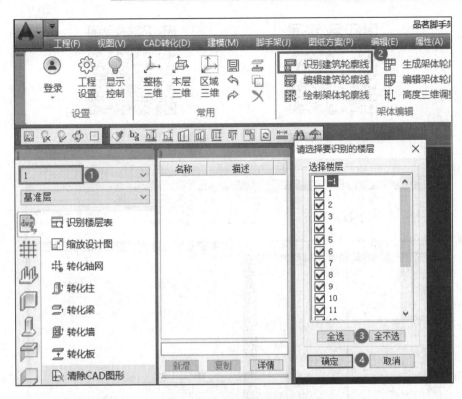

图 3 - 31　生成建筑外轮廓线

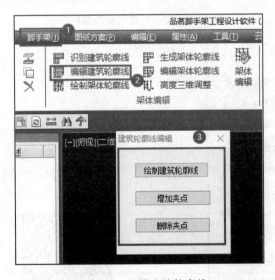

图 3 - 32　编辑建筑轮廓线

识别建筑轮廓线及编辑

智能生成脚手架轮廓线及编辑

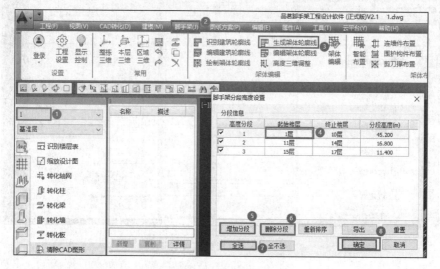

图 3-33　生成架体轮廓线

图 3-34　架体编辑

编辑脚手架类型分段线、高度分段线

3. 智能布置脚手架

选择脚手架下拉菜单或功能区"脚手架"→"智能布置"在命令行中根据需要选择布置方式"区域布置（A）"→"整栋布置（D）"→"本分段布置（S）"，默认＜S＞，如图3-35所示；如需要对脚手架进行编辑，选择好对应楼层，在"架体编辑"（见图3-34）中，按设计进行修改，修改好后，单击"本层三维"显示对应分段的脚手架，如图3-36所示；如选择"整栋布置（D）"，则单击"整栋三维"，显示整栋的脚手架，如图3-37所示。

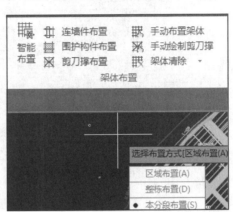

智能布置脚手架

图3-35　智能布置

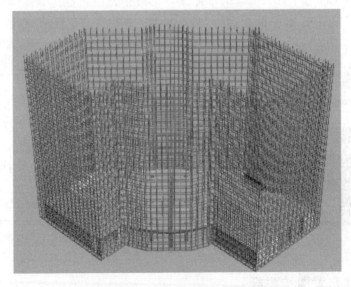

图3-36　分段脚手架三维显示

4. 智能布置连墙件

选择脚手架下拉菜单或功能区"脚手架"→"连墙件布置"，在命令行选择布置方

图 3 - 37　整栋脚手架三维显示

式,选择"本分段布置(S)"→"整栋布置(D)",弹出"智能布置连墙件",对"连墙件向外延伸(跨)""连墙件水平间距(跨)"进行设置,如图 3 - 38 所示;连墙件三维图如图 3 - 39 所示。

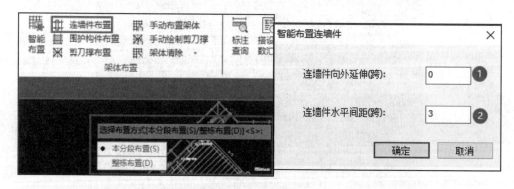

图 3 - 38　连墙件布置

5. 智能布置围护栏杆

选择脚手架下拉菜单或功能区"脚手架"→"围护构件布置",在命令行选择布置方式"本分段布置(S)"→"整栋布置(D)",在出现的对话框(见图 3 - 40)中,根据本工程及规程规定,对参数进行设置。围护栏杆三维图如图 3 - 41 所示。

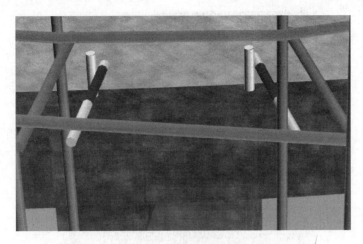

图 3 - 39　连墙件三维图

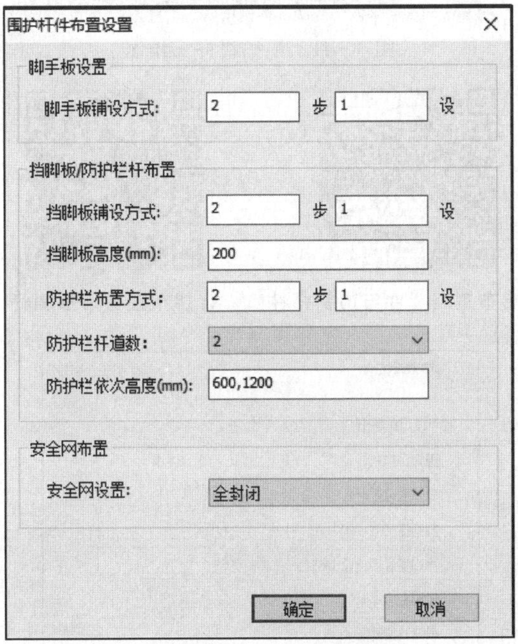

围护杆件布置设置

脚手板设置

脚手板铺设方式：　2　步 1　设

挡脚板/防护栏杆布置

挡脚板铺设方式：　2　步 1　设

挡脚板高度(mm)：　200

防护栏布置方式：　2　步 1　设

防护栏杆道数：　2

防护栏依次高度(mm)：　600,1200

安全网布置

安全网设置：　全封闭

确定　　取消

图 3 - 40　围护参数设置

6. 智能布置剪刀撑

根据规程设定剪刀撑布置规则,选择脚手架下拉菜单或功能区"脚手架"→"剪刀撑布置",在命令行中选择布置方式"整体布置(D)"→"本分段布置(S),选择"整体布置(D)",在出现的剪刀撑参数设置对话框中,设置相关参数,如图 3 - 42 所示,单击"确定"按钮,即可自动布置最优剪刀撑。三维图如图 3 - 43 所示。

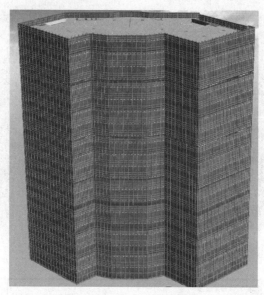

图 3-41 围护栏杆三维图

智能布置连墙件与围护杆件　　　智能布置剪刀撑斜杆

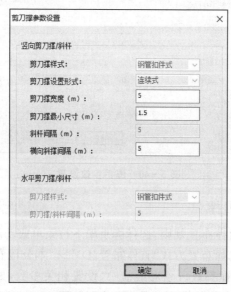

图 3-42 剪刀撑布置

图 3 - 43　剪刀撑三维图

7. 安全复核

通过安全复核,可检查设计的脚手架是否合理、安全可靠。

选择脚手架下拉菜单或快捷菜单中的"安全复核",选择复核方式,"本层安全复核(S)"→"整栋安全复核(D)",根据提示进行更改,如图 3 - 44 所示。

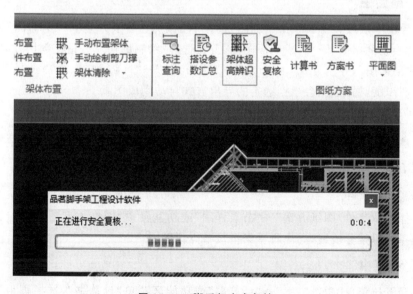

图 3 - 44　脚手架安全复核

成果生成

3.5 图纸方案

图纸方案功能是品茗脚手架设计软件成果输出的环节,可一键生成脚手架架体平面图、连墙件平面图、型钢平面图、立面图、剖面图、大样图、节点详图、计算书、方案书、材料统计报表等相关技术文件。

1. 平面图

选择下拉菜单"图纸方案"或功能区菜单"图纸方案"→"架体平面图"→"连墙件平面图"→"型钢平面图",选择导出"本层(S)"→"整栋(D)"。

2. 立面图

选择下拉菜单"图纸方案"→"立面图"或功能区菜单"立面图",自动导出脚手架搭设四个方向的立面图。

3. 剖面图

可导出本层或整栋脚手架剖面图,选择下拉菜单"图纸方案"→"剖面图"或功能区菜单"绘制剖切线"→"生成剖面图"。首先选择"绘制剖切线",指定剖切方向;再选择"生成剖面图",导出方式"本层(S)"→"整栋(D)"→"区域(A)";然后选择剖切线,输入剖切深度,回车后,会根据选定的导出方式自动生成图纸。

4. 大样图

选择下拉菜单"图纸方案"→"大样图"或功能菜单"图纸方案"→"大样图",通过选择脚手架分段线,导出脚手架搭设大样图。

5. 节点详图

选择下拉菜单"图纸方案"→"节点详图"或功能菜单"图纸方案"→"节点详图",通过选择脚手架分段线,导出脚手架搭设节点详图。

6. 计算书

选择下拉菜单"图纸方案"→"计算书"或功能区菜单"计算书",选择脚手架分段线生成脚手架计算书。

7.　方案书

选择下拉菜单"图纸方案"→"方案书"或功能区菜单"方案书",选择导出"本层(A)/整栋(B)/区域(C)",选择后自动根据选择导出结果。

8.　架体超高辨识

智能分析行脚手架是否属于超高脚手架。

9.　材料统计反查报表

选择下拉菜单"图纸方案"→"材料统计反查"或功能区菜单"材料统计反查",自动生成脚手架中包括的立杆、水平杆、剪刀撑等脚手架材料统计报表。

10.　架体配置

选择下拉菜单"图纸方案"→"架体配置"或功能区菜单"架体配置",弹出"范围设置"对话框,设置之后进行脚手架架体配置。

11.　生成配架表

选择下拉菜单"图纸方案"→"生成配架表"或功能区菜单"生成配架表",生成架体配置表。

课后实训项目

模拟角色:施工承包单位项目部技术员。

项目任务:以某办公楼为例,配置该工程的脚手架方案,并导出相关成果。

项目成果内容:某办公楼脚手架工程的施工图,包括脚手架架体平面图、连墙件平面图、型钢平面图、立面图、剖面图、大样图、节点详图等,并导出计算书、方案书等。

第 **4** 章

BIM 三维施工现场布置

本章导读

本章我们将基于钱江楼项目,依托 BIM 品茗施工策划软件,进行 BIM 三维施工现场布置。

4.1 节:施工现场布置

介绍施工现场布置的依据、施工现场布置的原则、施工现场布置的内容、施工现场布置的步骤。

4.2 节:施工现场布置 BIM 技术应用

进行单位工程 BIM 施工现场布置实训、全场性工程 BIM 施工现场布置实训。

学习目标

能力目标	知识要点
掌握工程的 BIM 施工现场布置的技术要点	施工现场布置的依据、原则、内容、步骤
掌握 BIM 三维施工现场的布置	BIM 三维施工现场布置的方法

4.1 施工现场布置

施工现场布置是对拟建工程的施工现场所作的平面规划和布置,是施工组织设计的主要内容,是现场文明施工的基本保证,是布置施工现场的依据,也是施工准备工作的一项重要依据。具体而言,它用以解决施工所需的各项设施和永久建筑(拟建的和已建的)相互间的合理布局,按照施工布置、施工方案和施工进度计划,将各项生产、生活设施在现场平面上进行周密规划和布置;同时,也是实现文明施工、节约场地、减少临时设施费用的先决条件。

设计全场性施工平面图时,必须特别注意节约用地,同时要保证施工安全与方便,这样既需要紧凑地布置现场,缩短各种管线道路,节约投资,少占农田和便于施工管理,又要合理布置现场,保证临时设施不致妨碍工程施工,减少物资接运、升运次数,并符合安保要求和防火规则。

4.1.1　施工现场布置的依据

施工平面图一般可根据建筑总平面图、现场地形地貌、现有水源、电源、热源、道路、四周可利用的房屋和空地、施工组织总设计、本工程的施工方案与施工方法、施工进度计划及各临时设施的计算资料来绘制。其中,较为重要的有如下几点。

1. 建筑总平面图

在设计施工平面布置图前,应对施工现场的情况做深入详细的调查研究,掌握一切拟建及已建的房屋和地下管道的位置,如果其对施工有影响,则需考虑提前拆除或者迁移。

2. 单位工程施工图

要掌握结构类型和特点,以及建筑物的平面形状、高度,材料、做法等。

3. 已拟订好的施工方法和施工进度计划

了解单位工程施工的进度及主要施工方法,以便布置各阶段的施工现场。

4. 施工现场的现有条件

掌握施工现场的水源、电源、排水管沟、弃土地点以及现场四周可利用的空地;了解建设单位能提供的原有可利用的房屋及其他生活设施(如食堂、锅炉房、浴室等)的条件。

4.1.2　施工现场布置的原则

1. 布置紧凑,占地要省,不占或少占农田

在满足施工条件的情况下,要尽可能地减少施工用地。少占施工用地除了在解决城市场地拥挤和少占农田方面有重要意义外,对于建筑施工而言也减少了场内运输工作量和临时水电管网,既便于管理又减少了施工成本。为了减少占用施工场地,常采取一些技术措施。例如,合理地计算各种材料现场的储备量,以减小堆场面积;对于预制构件可采用叠浇方式,尽量采用商品混凝土、采用多层装配式活动房屋作临时建筑等。

2. 尽量降低运输费用,保证运输方便,减少场内二次搬运

最大限度地减少场内材料运输,特别是减少场内二次搬运。为了缩短运距,各种材料应尽可能按计划分期、分批进场,充分利用场地。合理安排生产流程,施工机械的位置及材料、半成品等的堆场应根据使用时间的要求,尽量靠近使用地点。要合理地选择运输方式和铺设工地的运输道路,以保证各种建筑材料和其他资源的运距及转运次数为最少。在同等条件下,应优先减少楼面上的水平运输工作。

3. 在保证工程顺利进行的前提下,力争减少临时设施的工程量,降低临时设施费用

为了降低临时工程的施工费用,最有效的办法是尽量利用已有或拟建的房屋和各种管线为施工服务。另外,对必须建造的临时设施,应尽量采用装拆式或临时固定式。尽可能利用施工现场附近的原有建筑物作为施工临时设施等。临时道路的选择方案应使土方量最小,临时水电系统的选择应使管网线路的长度为最短等。

4. 要满足安全、消防、环境保护和劳动保护的要求,符合国家有关规定和法规

为了保证施工的顺利进行,要求场内道路畅通,机械设备所用的缆绳、电线及有关排水沟、供水管等不得妨碍场内交通。易燃设施(如木工房、油漆材料仓库等)和有碍人体健康的设施(如熬柏油、化石灰等)应满足消防要求,并布置在空旷和下风处。主要的消防设施(如灭火器等)应布置在易燃场所的显眼处并设有必要的标志。

5. 要便于工人生产与生活

正确合理地布置行政管理和文化、生活、福利等临时用房的相对位置,使工人因往返而消耗的时间最少。

4.1.3 施工现场布置的内容

施工平面图中规定的内容要因时间、需要,结合实际情况来决定。工程施工平面图一般应标明以下内容:

① 建筑总平面图上已建和拟建的地上、地下的一切建筑物,以及构筑物和管线的位置或尺寸;

② 测量放线标桩、杂土及垃圾堆放场地;

③ 垂直运输设备的平面位置,脚手架、防护棚位置;

④ 材料、加工成品、半成品、施工机具设备的堆放场地;

⑤ 生产、生活用临时设施(包括搅拌站、钢筋棚、木工棚、仓库、办公室、临时供水、供电、供暖线路和现场道路等)并附一览表,一览表中应分别列出名称、规格、数量及面积大小;

⑥ 安全、防火设施;

⑦ 必要的图例、比例尺,方向及风向标记。

在工程实际中,施工平面图可根据工程规模、施工条件和生产需要适当增减。例如,当现场采用商品混凝土时,混凝土的制作往往在场外进行,这样施工现场的临时堆场就简单多了,但现场的临时道路要求相对高一些。

4.1.4　施工现场布置的步骤

单位工程施工平面图的一般设计步骤是:确定垂直运输机械的位置→布置材料、构件、仓库和搅拌站的位置→布置运输道路→布置行政管理、文化、生活、福利用房等临时设施→布置临时供水管网、临时供电管网。

1. 布置起重机位置及开行路线

起重机的位置影响仓库、材料堆场、砂浆搅拌站、混凝土搅拌站等的位置及场内道路和水电管网的布置,因此要首先布置。

布置起重机的位置要根据现场建筑物四周的施工场地的条件及吊装工艺进行。如在起重机、挖土机的起重臂操作范围内,应使起重机的起重幅度能将材料和构件运至任何施工地点,避免出现"死角"。

2. 布置材料、预制构件仓库和搅拌站的位置

① 在起重机布置位置确定后,布置材料、预制构件堆场及搅拌站位置。

材料堆放应尽量靠近使用地点,减少或避免二次搬运,并应考虑到运输及卸料方便。

② 如用固定式垂直运输设备,则材料、构件堆场应尽量靠近垂直运输设备,以减少二次搬运。

③ 预制构件的堆放位置要考虑到吊装顺序。先吊的放在上面,后吊的放在下面;吊装构件进场时间应与吊装进度密切配合,力求直接卸到位,避免二次搬运。

3. 布置运输道路

尽可能将拟建的永久性道路提前建成后为施工使用,或先造好永久性道路的路基,在交工前再铺路面。现场的道路最好是环形布置,以保证运输工具回转、调头方便。

布置道路时还应考虑下列几方面的要求:

① 尽量使道路布置成环形,以提高运输车辆的行车速度,使道路形成循环,提高车辆的通过能力;消防通道宽度不小于 3.5 m。

② 应考虑第二期开工的建筑物位置和地下管线的布置;要与后期施工结合起来考虑,以免临时改道或道路被切断影响运输。

③ 布置道路应尽量把临时道路与永久道路相结合,即可先修永久性道路的路基,作为临时道路使用,尤其是当需修建场外临时道路时,要着重考虑这一点,这样可节约

大量投资。在有条件的地方,若把永久性道路路面也事先修建好,则更有利于运输。

道路的布置还应满足一定的技术要求,如路面的宽度、最小转弯半径等,可参考表 4-1。

表 4-1　施工现场最小道路宽度及转弯半径

车辆、道路类别	道路宽度/m	最小转弯半径/m
汽车单行道	≥3.5	9
汽车双行道	≥6.0	9
平板拖车单行道	≥4.0	12
平板拖车双行道	≥8.0	12

单位工程施工平面图的道路布置,应与全工地性施工总平面图的道路相配合。

4. 布置行政管理及生活用临时房屋

工地出入口要设门岗,办公室布置要靠近现场,工人生活用房尽可能利用建设单位永久性设施。若系新建企业,则生活区应与现场分隔开。一般新建企业的行政管理及生活用临时房屋归入全工地施工总平面来考虑。

生产性临时设施是指直接为生产服务的临时设施,如临时加工厂、现场作业棚、检修间等。

5. 布置临时水管网

(1) 基本要求

一般需要考虑施工现场的生产用水和生活用水。一般由建设单位的干管或自行布置的干管接到用水地点。布置时应力求管网总长度最短。临时供水首先要经过计算、设计,然后进行设置。施工组织设计的供水计算和设计可以简化或根据经验进行安排,一般 5 000～10 000 m^2 的建筑工程施工,施工用水主干管为 50～100 mm,支管为 40 mm 或 25 mm。

(2) 临时供水水源的选择、管网布置及管径的计算

临时供水的水源,可用现成的给水管、地下水(如井水)及地面水(如河水、湖水等)等。在选择水源时,应该注意:① 水量应能满足最大需水量的要求;② 生活用水的水质应符合卫生要求;③ 搅拌混凝土及灰浆用水的水质应符合搅拌用水的要求。

临时供水方式有三种情况:

① 利用现有的城市给水或工业给水系统。

② 在新开辟地区没有现成的给水系统时,在可能的条件下,应尽量先修建永久性给水系统。

③ 当没有现成的给水系统,而永久性给水系统又不能提前完成时,应设立临时性给水系统。

配水管网布置的原则是在保证连续供水的情况下,管道铺设得越短越好。分期分区施工时,应按施工区域布置,还应考虑到在工程进展中各段管网便于移置。临时给水管网的布置有下列三种方案(见图 4 - 1)。

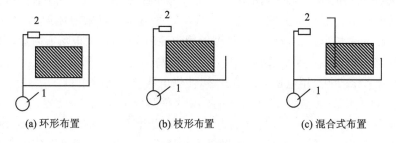

(a) 环形布置   (b) 枝形布置   (c) 混合式布置

1—水源;2—混凝土搅拌站

图 4 - 1   临时供水管网布置图

(a) 环形布置   管网为环形封闭形状,优点是能够保证可靠地供水,当管网某一处发生故障时,水仍能沿管网其他支管供水。缺点是管线长,造价高,管材消耗大。

(b) 枝形布置   管网由干线及支线两部分组成。管线长度短,造价低,但供水可靠性差。

(c) 混合式布置   主要用水区及干管采用环形管网,其他用水区采用枝形支线供水,这种混合式管网,兼具两种管网的优点,在工地中采用较多。

临时给水管网的布置常采用枝形管网,因为这种布置的总长度最小,但此种管网若在其中某一点发生局部故障时,有断水的威胁。从保证连续供水的要求上看,环形管网最为可靠,但这种方案所铺设的管网总长度较大。混合式总管采用环形,支管采用枝形,可以兼具以上两种方案的优点。

临时水管的铺设,可用明管或暗管。其中暗管最为合适,它既不妨碍施工,又不影响运输工作。

布置供水管网时还应考虑室外消防栓的布置要求:室外消防栓应沿道路设置,间距不应超过 120 m,距房屋外墙为 1.5～5 m,距道路不大于 2 m。现场消防栓处昼夜要设有明显标志,配备足够的水龙带,周围 3 m 以内,不准存放任何物品。室外消防栓给水管的直径不小于 100 mm。高层建筑施工,应设置专用高压泵和消防竖管。消防高压泵应用非易燃材料建造,设在安全位置。

为了防止水的意外中断,可在建筑物附近设置简单的蓄水池,储有一定数量的生产和消防用水。如果水压不足,则应设置高压水泵。为便于排出地面水和地下水,要及时修通永久性下水道,并结合现场地形在建筑物四周设置排泄地面水和地下水的沟渠。

管线可埋于地下,也可铺设在地面上,由当时的气温条件和使用期限的长短而定。管线最好埋设在地面以下,以防汽车及其他机械在上面行走时压坏。严寒地区应埋设在冰冻线以下,明管部分应做保温处理。

6. 布置临时电网

① 配电线路的布置与水管网相似,也是分为环状、枝状及混合式三种,其优缺点与给水管网也相似。工地电力网,一般 3～10 kV 的高压线路采用环形;380 V/220 V 的低压线路采用枝形。供电线路应尽可能接到各用电设备、用电场所附近,以便各施工机械及动力设备或照明引线连接用电。一般来说,各变压器应设置在该变压器所负担的用电设备集中、用电量大的地方,以使供电线路布置较短。

② 各供电线路布置宜在路边,一般用木杆或水泥杆架空设置,杆距为 25～40 m。应保持线路的平直,高度一般为 4～6 m,离开建筑物的距离为 6 m,距铁路轨顶不应小于 7.5 m。任何情况下,各供电线路都不得妨碍交通运输和施工机械的进、退场及使用;同时要避开堆场、临时设施、开挖沟槽和后期拟建工程。

③ 从供电线路上引入用电点的接线必须从电杆引出。各用电设备必须装配与设备功率相应的闸刀开关,其高度与装设点应便于操作,单机单闸,不允许一闸多机使用。配电箱及闸刀开关在室外装配时,应有防雨措施,严防漏电、短路及触电事故的发生。

4.2 施工现场布置 BIM 技术应用

本节主要介绍通过品茗 BIM 三维施工策划软件结合实际项目图纸完成施工三维场地部署,并输出三维场地模型、场景漫游视频等。

1. 新建工程

打开软件,如图 4-2 所示,在界面单击"新建工程",创建工程名,并保存(见

图 4-2 开启界面

BIM 场地布置

图 4 - 3），完成新工程的建立。这里创建的文件类型虽然是"工程名.pmbs"，但会自动创建同名文件夹，文件夹内的所有内容才是工程文件。如已经新建好拟建工程，则可直接单击"打开工程"，找出对应的工程即可。

图 4 - 3　保存界面

新建工程时，在输入完工程名称并保存后就会打开"选择工程模板"的界面，如图 4 - 4 所示，工程模板是制定一些构件属性的，适用于企业标准，这里选择默认模板。

选择默认模板之后，进入新建工程向导，填写好工程基本信息，如图 4 - 5 所示。填好后单击"下一步"按钮，如图 4 - 6 所示，"阶段设置"中楼层管理设置的是软件内各层的相关信息，这个主要是在导入 Pbim 模型时使用的，软件内包括基坑、拟建建筑、地形等，都是布置在一层的，所以建议不要去设置修改。"自然设计地坪标高"这个参数是作为多数构件的默认标高参数使用的，"标高：±0.000＝高程"是设置地形使用的。阶段设置的阶段数量根据自己的需要设置，"开始时间"和"结束时间"，可以在后面的进度关联里快速地设置部分构件的开始时间和结束时间。

本软件操作界面主要分：① 菜单栏；② 常用命令栏；③ 阶段及楼层控制栏；

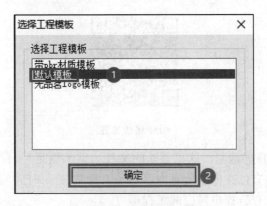

图 4-4　工程模板

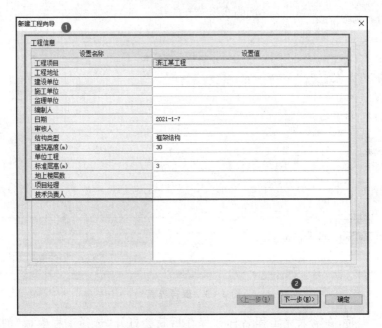

图 4-5　新建工程向导(1)

④ 构件布置区；⑤ 构件列表；⑥ 构件属性栏；⑦ 构件大样图栏；⑧ 常用编辑工具栏；
⑨ 绘图区等，如图 4-7 所示。

2. 导入 CAD 图纸与转化

　　工程新建好后，就可以把施工现场总平面图的 CAD 电子图进行复制(快捷命令
Ctrl＋C)和粘贴(快捷命令 Ctrl＋V)。建议在 CAD 中右击带基点复制命令来复制
图纸，然后在策划软件的原点附近粘贴图纸。

　　图纸复制到软件中后，为了快速布置，可以使用转化模型命令，如图 4-8 所示，
通过"转化模型"按钮快速生成相应的构件。

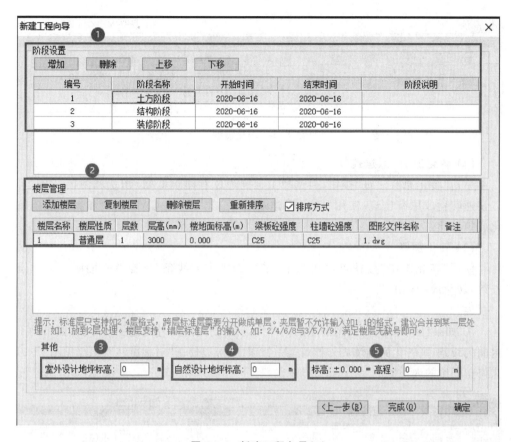

图 4-6　新建工程向导(2)

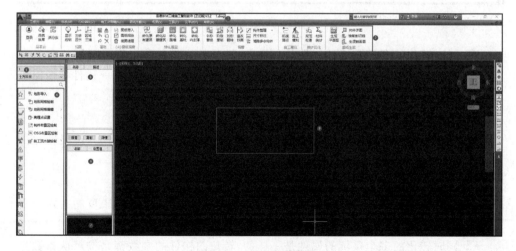

图 4-7　软件建模界面

图 4-8　转化模型

(1) 转化原有/拟建筑物

单击"转化原有建筑"按钮,再选择工程周边原有建筑 CAD 图块和封闭线条,可以快速转化成原有建筑;使用"转化拟建建筑"可以快速把 CAD 图块和封闭线条转化成拟建建筑。

(2) 转化围墙

使用"转化围墙"按钮可以快速把 CAD 图纸中的线条(选择总平面图上的建筑红线)转化成砌体围墙。

注:

① 如果红线是闭合的,则围墙的内外判定是,封闭圈的外侧是围墙外侧;如果是不封闭的线条,则转化的围墙内外侧可能是错误的,可以使用"对称翻转"命令(见图 4-9)来修正围墙的内外侧。

图 4-9　对称翻转

② 同时转化的多道围墙的属性是一样的,转化的构件的参数都是按默认参数生成的,转化完成后需要再进行编辑,默认参数可以通过菜单栏→工具→构件参数模板设置进行设置调整。

(3) 转化基坑

使用"转化基坑"按钮可以快速把 CAD 中的封闭线条转化成基坑(建议转化围护中的冠梁中线)。

注:

① 如果一个看起来封闭的样条线转化基坑失败,则可以通过 CAD 的特性查看一下这个样条线是不是闭合的,不闭合的无法转化。

② 同时转化的多个基坑的属性是一样的,转化的构件的参数都是按默认参数生成的,转化完成后需要再进行编辑,默认参数可以通过菜单栏→工具→构件参数模板设置进行设置调整。建议坑中坑转化的时候分开来转化,便于后期对底标高的修改。

(4) 转化支撑梁

使用"转化支撑梁"按钮就可以打开"支撑梁识别"界面(见图 4 - 10),转化时设置好支撑梁的道数和顶标高,提取支撑梁所在的图层,单击"转化"按钮就可以快速把 CAD 图纸中的梁边线转化成支撑梁,同时自动在支撑梁交点位置生成支撑柱。

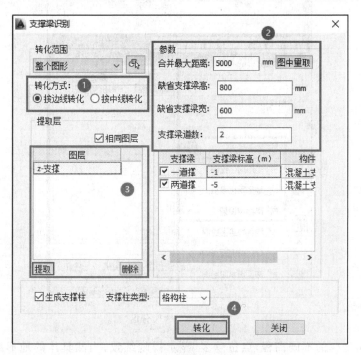

图 4 - 10　"支撑梁识别"界面

注:支撑梁转化时一定要选取图层,不然默认会把复制或者导入的图形中所有图层都识别一遍。

3. 地形布置

图纸复制到软件中后,可以选择导入地形,或者绘制地形网格,然后再在三维编辑中用地形编辑工具进行地形编辑。当然在二维编辑中手动设置高程点也是可以的,如图 4 - 11 所示。

(1) 二维地形绘制

一般如果导入好图纸之后,最简单的地形做法就是把总平面图用绘制的地形网格全部覆盖,然后再在建筑红线范围内绘制构件布置区。当然具体的地形可根据总平面图上的各个高程点,使用增高、删除高程点命令来进行调整,如果需要修改高程数值,则直接双击绘图区中的高程点数值即可。

(2) 地形导入

当然如果有地形参数的 Excel 文件,则可以通过地形导入来快速生成地形,地形

图 4 - 11　地形分区

参数是不同坐标的不同高程,点位越多,显示得越细致,当然具体的地形细致程度还要根据地形网格设置中的栅格边长来决定。建议建模者如果使用地形导入的话,要注意一下原文件中参数的单位,软件中默认的都是 M 的,而且使用地形导入的话,最好是在复制导入 CAD 图形文件之前。

(3) 地形设置编辑

地形设置编辑(见图 4 - 12)可以在三维编辑中修改,包括设置地下水,通过"上升""下陷""平整""柔滑"命令来修改地形等。

图 4 - 12　地形编辑

4. 构件布置

施工场地布置涉及大量的临建设施设备,本节主要讲解布置方式。BIM 三维施工场地布置构件,根据不同类别,主要有以下几种方法。

(1) 点选布置

点选布置的构件,直接单击构件布置栏的构件名称就可以在绘图区指定插入之后设置角度了。此布置方式用于板房、加工棚、机械设备等块状类型构件。

(2) 线性布置

线性布置的构件,指定第一个点,根据命令提示行绘制后续的各点,直到完成布置。需要注意的是,线性构件如果要画成闭环的,那么最后闭合的一段要用命令提示行的闭合命令完成。如果构件有内外面,则应注意绘制过程中的箭头指向都是外侧的,顺、逆时针绘制是不同的。此布置方式用于道路、围墙、排水沟等线性类型构件。

(3) 面域布置

面域布置的构件,指定第一个点,根据命令提示行绘制后续的各点,直到完成布置,注意最后闭合的一段要用命令提示行的闭合命令完成,否则容易出现造型错误。本布置方式用于地面硬化、基坑绘制、拟建建筑绘制等面域封闭类型构件。

5. 构件编辑

(1) 私有属性编辑

私有属性编辑指的是在二维或三维状态下使用鼠标左键双击构件,这个时候会弹出"构件属性编辑"对话框(见图 4 - 13),如需编辑,则需要先去掉面板下方的参数随属性命令的勾选。这时候对构件的修改只是针对这个选中构件的。构件变成私有属性构件之后,属性是不会随同公有属性修改而进行调整的。

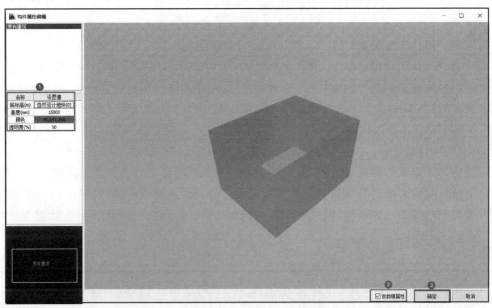

图 4 - 13　"构件属性编辑"对话框

（2）公有属性编辑

公有属性修改指的是在二维或三维状态下在属性栏、构件大样图、双击大样图的"构件编辑"界面修改的构件属性，这时候的修改针对的是所有的同名构件，如图 4 - 14 所示。

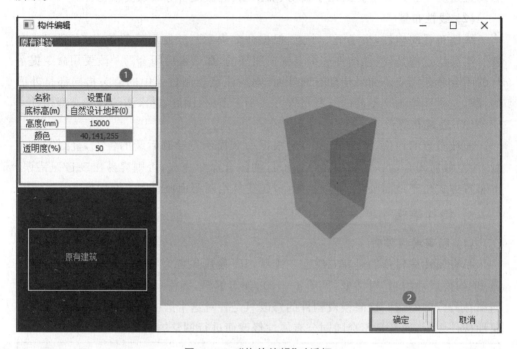

图 4 - 14 "构件编辑"对话框

（3）通过编辑命令编辑

通过右侧的构件编辑工具栏（或菜单栏）中的命令，对构件使用变斜、标高调整、打断、移动、旋转阵列等编辑操作，或者对土方、脚手架等构件使用其他独立的编辑命令进行编辑。

（4）材质图片编辑

构件的材质图片主要的编辑方式就是替换材质图片，软件中可以在构件的属性栏双击需要修改的材质属性、私有属性或者公有属性界面来更换材质的部位（这个部位的材质参数必须是属性栏里有的），双击后会打开贴图材质界面，如图 4 - 15 所示，根据自己的需要选择不同的材质图片。材质图片可以下载或者自己用 PS 绘制。

6. 规范检查

对场地布置完成后，可以单击"规范检查"按钮，软件会自动根据《上海市工程建设规范检查规则》，以及《安全检查标准 JGJ 59—2011》《消防安全技术规范 GB 50720—2011》对现场进行检查，并给出检查意见，如图 4 - 16 所示。

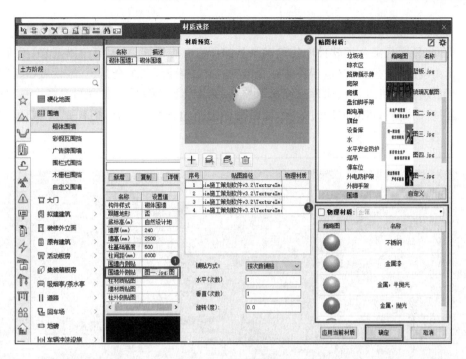

图 4 - 15　贴图材质

图 4 - 16　规范检查

7. 三维显示

三维显示是集合了软件内的除动画外的所有三维功能,主要有三维观察、三维编辑、自由漫游、路径漫游(包括漫游路径绘制)、航拍漫游、三维全景、三维设置(包括光源配置设置、相机设置)、构件三维显示控制、视角转换;另外,三维视口具备二三维构件实时联动刷新,可双屏同时显示,同时界面上角包含视频录制和屏幕置顶功能,如图 4 - 17 所示。

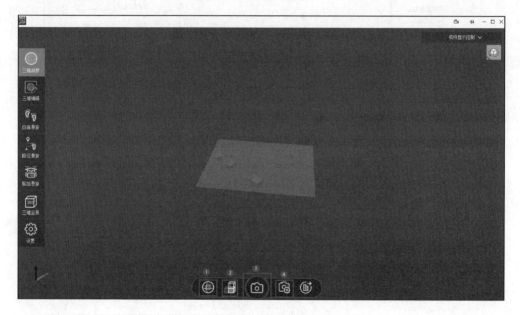

图 4 - 17　三维显示

(1) 三维观察

三维显示后单击"三维观察"按钮,如图 4 - 17 所示,主要功能为可动态观察所有的构件;另外,该界面内可以进行自由旋转、剖切观察、拍照、相机设置、导出为 SKP 格式文件等操作。

① 自由旋转:整体三维可以进行顺时针或者逆时针旋转,可以通过鼠标来调整旋转方向以及旋转速度,方便观察三维整体效果。

② 剖切观察:可以对整个布置区进行上下左右前后六个面的自由剖切,从而观察特定剖切面三维效果。

③ 拍照:单击拍照会自动弹窗拍下并保存当前视口照片的 png 格式图片。

④ 相机设置:单击相机设置弹出下行窗口,可以同时保存三维观察时的 5 个视角(与自由漫游时保存的视角不共用),单击保存视角就可以在选定的视角框保存一个视角,单击保存的视角三维视口会自动跳转到该视角;画质设置可以直接设置拍照的图片的画质,高清渲染拍照需要消耗大量系统资源,需要根据计算机性能自行考虑。

（2）三维编辑

三维显示后单击"三维编辑"按钮，如图4-18所示，主要功能为在三维视口中进行编辑和构形。

图4-18 三维编辑

拾取过滤：拾取过滤相应构件或类构件，三维视口中该构件或该类构件就不能被选择。

移动：单击该命令后选择需要移动的构件，右键确定选择，会出现可以移动的三维坐标，把构件移动到指定的位置，右键确定保存。

旋转：单击该命令后选择需要旋转的构件，右键确定选择，会出现可以旋转的红色箭头圆环，把构件旋转到指定的角度，右键确定保存。

删除：单击该命令后选择需要删除的构件，右键确定选择。

对称翻转：单击该命令后选择需要翻转的构件，右键确定选择。

上升、下陷、平整、柔滑：是地形编辑命令，可以调整地形的样子；圆圈和方块是笔刷的造型，笔刷大小影响笔刷单次修改的范围，笔刷速度影响单次修改的地形变化程度。平整标高设置的是平整命令时地形平整后的标高。

（3）自由漫游

三维显示后单击"自由漫游"按钮，如图4-19所示，主要功能为以人的视角在三维视口中进行移动观察，并选取需要的角度进行拍照截图。

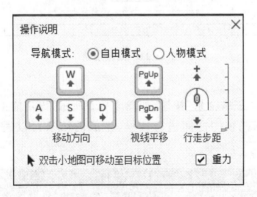

图4-19 自由漫游

在拍照按钮的右下角有个拍照设置的按钮，单击可以同时保存漫游观察时的5个视角（与三维观察时保存的视角不共用），单击保存视角就可以在选定的视角框保存一个视角，单击保存的视角三维视口会自动旋转到该视角；画质设置可以直接设置拍照的图片的画质,高清渲染拍照需要消耗大量系统资源,需要根据计算机性能自行考虑。

(4) 路径漫游

三维显示后单击"路径漫游"按钮,如图 4 - 20 所示,需要绘制漫游路径,按绘制的路径生成漫游动画进行观察。

图 4 - 20　路径漫游

(5) 航拍漫游

三维显示后单击"航拍漫游"按钮,如图 4 - 21 所示,通过设置航拍点与帧,生成航拍动画并导出。

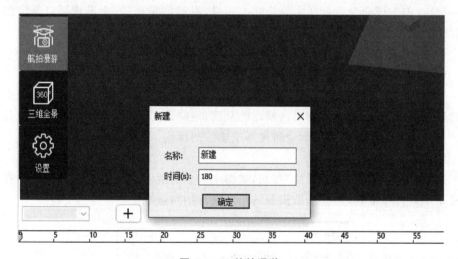

图 4 - 21　航拍漫游

(6) 三维全景

三维显示后单击"三维全景"按钮,如图 4 - 22 所示,该功能主要是为了生成 360°全景视图并在各个相机视图之间进行切换,生成的结果可以通过二维码或者链接分享。

图 4 - 22　三围全景

首先新建一个全景漫游场景,然后单击"全景相机布置",此时三维视口会切换到俯视视角,单击布置相机点,右键确定布置,布置后会在下面的相机点选择编辑界面增加一个相机点,如图 4-23 所示。

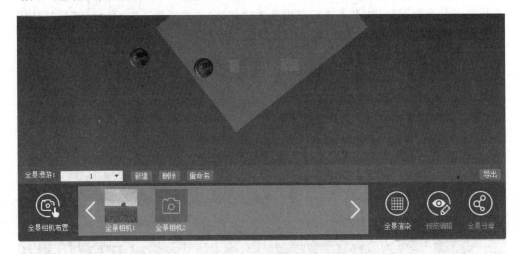

图 4-23　全景相机布置

此时可以单击下面的"全景相机 1",此时会进入选中状态,三维视口也会切换到该相机点的视口,如图 4-24 所示,可以右击该相机,修改相机名称或删除相机。

图 4-24　全景相机视口

切换到相机视口后可以左键拖拉三维进行视口旋转切换,当选中合适的角度时可以单击三维视口,把当前视角设为初始视角按钮,把当前视口作为切换到该相机时的默认视角。如果对相机的位置和高度不满意,可以把上面的相机观察切换到相机编辑。相机编辑时,可以与漫游一样操作移动相机,当移动到合适的位置时可以切换回相机观察,保存默认视口(可以重复添加和编辑全景相机)。

当把全景相机添加完成后可以单击"全景渲染",如图 4-25 所示,此时会生成所有相机点的全景图片;如果不进行渲染则无法使用"预览编辑"、"全景分享"及"导出"功能。

正在渲染(2/2),请稍后…

图 4-25　全景渲染

等待渲染完成,单击预览编辑,此时会打开预览编辑界面,选择一个相机点,则会显示热点切换内容,勾选后会在视口中出现热点标识,此时单击该热点会切换到热点所代表的相机的默认视口,该标识可以在热点切换界面单击相应图标进行切换。可以一个个相机地调整编辑,完成后保存设置,并退出预览编辑。完成渲染后可以生成二维码进行分享。

(7) 三维设置

三维显示后单击设置按钮(见图 4-26),主要功能为调整三维界面中的天空背景、光效设置、地形材质、相机效果、天气设置,具体就不一一展开了,建模时可以根据具体情况设置。

8. 机械路径设置

车辆设备如果需要有行走动画,则可以在构件布置后单击"机械路径"按钮,在机械路径构件的属性栏中都有路径动画相关设置的参数,可以在属性栏先设置好是按速度还是按循环次数进行行走参数的设置。

单击设置命令后就会展开如图 4-27 所示的"机械路径设置"面板,上面会显示

图 4 - 26　三维显示设置

所有的已经布置的可以设置机械路径的构件,也会标识出该构件有没有设置机械路径,包括机械在这个机械路径上同时出现的数量,以及动画的循环方式。每个车辆设备只能设置一条机械路径。

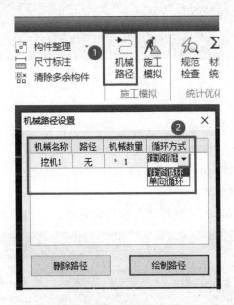

图 4 - 27　机械路径设置

9. 施工模拟

　　构件布置完成后(当然也可以在布置完土方构件的时候)就使用进度关联先完成土方开挖施工模拟动画的设置,然后在主体阶段布置完成后设置主体施工模拟动画的时间和动画方式。

　　单击"施工模拟"命令,打开施工模拟界面。

　　(1) 动画编辑

　　进入施工模拟后可以看到如图 4 - 28 所示界面,有三维视口、构件动画设置界面、横道图。

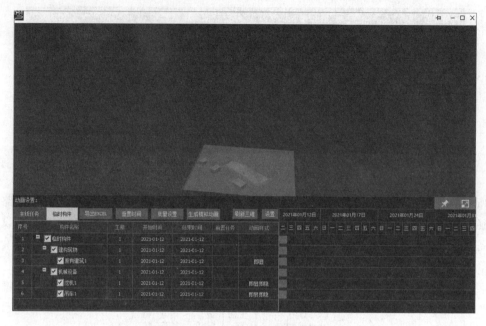

图 4-28　动画进度编辑

三维视口中的构件为软件中所有阶段的所有构件。

在构件动画设置界面中单击相应的构件，该构件就会在上面的三维视口中高亮显示。可以根据相应的进度计划设置构件的动画开始时间和结束时间；前置任务可以通过任务关联来进行联动修改，但是注意不要设置出死循环动画；动画样式内是该构件可以设置的动画的形式。

子动画设置是对具备该动画样式的构件设置更详细的动画，如图 4-29 所示。

图 4-29　子动画设置

　　重置前置任务仅在主线任务里有,是按默认设置重置掉构件的前置任务。

　　重置时间仅在临时构件里有,是按照工程设置中阶段设置的时间,以及构件通过阶段复制后同时存在多少个阶段,自动计算重置开始时间和结束时间。

　　模拟动画有两种生成方式,独立动画会比较流畅,复合动画生成后还需要再设置关键帧动画(航拍漫游)。

(2) 模拟动画

　　生成模拟动画后就可以在三维视口里预览施工模拟动画,如果有不满意的地方,可以单击"返回动画编辑"重新进行设置调整,如图 4 - 30 所示。

图 4 - 30　模拟动画生成

　　"播放/暂停""加速""减速"这几项是动画播放预览的命令。

　　单击"动画信息"这个命令会切换右上角的动画信息界面的显示或隐藏。

　　"导出视频"是根据设置的动画信息自动生成施工模拟动画视频。

　　"录制视频"是录制整个施工模拟界面上的所有界面和内容,然后生成视频。

　　"视频格式设置"是调整和设置视频的格式和帧数。

10. 图纸生成

　　构件布置完成后可以单击"图纸生成"中的"生成平面图"、"构件详图"和"生成剖面图"(需要先绘制剖切线)按钮,生成平面图,如图 4 - 31 所示。

　　在"生成平面图"界面中可以看到"导出样式""导出构件列表""图例"(这个默认是收缩的,单击下面的"图例"按钮就可以展开)。

　　在导出样式中可以按时间或者施工阶段来生成不同阶段的平面布置图,比如土方阶段平面布置图、地下室阶段平面布置图等。

　　在生成平面图的同时,在导出构件列表中进行构件的整理,就可以导出生成消防平面布置图、临时用电平面布置图、临时用水平面布置图等。

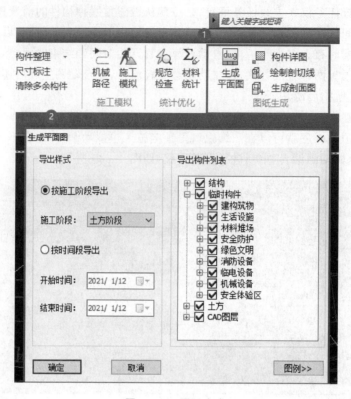

图 4-31　图纸生成

11. 材料统计

如果需要统计材料用量,则可以单击"材料统计"按钮,对布置的构件按总量及各施工阶段用量分别统计,统计完成后也可以保存成 Excel 表格文件。

课后实训项目

模拟角色:施工承包单位项目部技术员。

项目任务:以滨江某工程总平面图为例,进行施工现场布置实训。

项目成果内容:根据建筑总平面图、现场地形地貌、现有水源、电源、热源、道路、四周可以利用的房屋和空地、施工组织总设计、本单位工程的施工方案与施工方法、施工进度计划及各临时设施的计算资料,运用 BIM 软件,绘制全场性工程三维施工平面布置图。

具体包括:

运用 BIM 施工策划软件进行全场性工程施工平面图设计:

① 确定起重垂直运输机械的位置;

② 确定搅拌站、仓库和材料、构件堆场以及加工厂的位置；

③ 施工道路的布置；

④ 临时设施的布置；

⑤ 临时供水、供电管网的布置；

⑥ 绘制施工平面图。

参考文献

[1] 王琳,潘俊武.BIM 建模技能与实务[M].北京:清华大学出版社,2017.

[2] 中华人民共和国住房和城乡建设部.中华人民共和国国家标准建筑制图标准 GB/T 50104—2010[S].北京:中国计划出版社,2011.

[3] 中国建筑标准设计研究院.16G 101－1 混凝土结构施工图平面整体表示方法制图规则和构造详图(现浇混凝土框架、剪力墙、梁、板)[S].北京:中国计划出版社,2016.

[4] 中华人民共和国住房和城乡建设部.建筑电气制图标准 GBT 50786—2012[S].北京:中国建筑工业出版社,2012.

[5] 中华人民共和国住房和城乡建设部.暖通空调制图标准 GB/T 50114—2010[S].北京:中国建筑工业出版社,2010.

[6] 李军,潘俊武.BIM 建模与深化设计[M].北京:中国建筑工业出版社,2019.

[7] 中国建筑工业出版社.建筑模板脚手架标准规范汇编[S].北京:中国建筑工业出版社,2016.

[8] 中华人民共和国住房和城乡建设部、中华人民共和国国家质量监督检验检疫总局.混凝土结构工程施工规范(GB 50666—2011)[S].北京:中国建筑工业出版社,2011.

[9] 中华人民共和国住房和城乡建设部.建设工程高大模板支撑系统施工安全监督管理导则[S].北京:中国建筑工业出版社,2009.

[10] 中华人民共和国住房和城乡建设部.危险性较大的分部分项工程安全管理规定[S].北京:中国建筑工业出版社,2018.

[11] 刘彬,余春春.BIM 模板工程[M].北京:中国建筑工业出版社,2019.

[12] 中国建筑科学研究院.建筑施工扣件式钢管脚手架安全技术规范(JG 130—2011)[S].北京:中国建筑工业出版社,2011.

[13] 陈园卿,刘冬梅.BIM 脚手架[M].北京:中国建筑工业出版社,2019.

[14] 张廷瑞.建筑工程施工组织[M].哈尔滨:哈尔滨工业大学出版社,2015.

[15] 中华人民共和国住房和城乡建设部.建筑工程施工质量验收统一标准(GB 50300—2013)[S].北京:中国建筑工业出版社,2014.

[16] 陈蓓,陆永涛,李玲.基于 BIM 技术的施工组织设计[M].武汉:武汉理工大学出版社,2018.

[17] 李思康,李宁,冯亚娟.BIM 施工组织设计[M].北京:化学工业出版社,2018.

[18] 张廷瑞,王晓翠.施工项目管理 BIM 技术应用[M].北京:中国建筑工业出版社,2019.